普通高等教育"十一五"国家级规划教材

动物生物化学实验教程

胡 兰 主编

中国农业大学出版社
·北京·

图书在版编目(CIP)数据

动物生物化学实验教程/胡兰主编．—北京：中国农业大学出版社，2006.9(2022.6 重印)
(普通高等教育"十一五"国家级规划教材)
ISBN 978-7-81117-062-7

Ⅰ．动…　Ⅱ．胡…　Ⅲ．动物学：生物化学-实验-高等学校-教材　Ⅳ．Q5-33

中国版本图书馆 CIP 数据核字(2006)第 082728 号

书　名　动物生物化学实验教程
作　者　胡　兰　主编

策划编辑　张　程　潘晓丽　　**责任编辑**　孟　梅
封面设计　郑　川　　**责任校对**　王晓凤　陈　莹
出版发行　中国农业大学出版社
社　址　北京市海淀区圆明园西路 2 号　　**邮政编码**　100193
电　话　发行部 010-62818525，8625　　读者服务部 010-62732336
编辑部 010-62732617，2618　　出　版　部 010-62733440
网　址　http://www.cau.edu.cn/caup　　**E-mail**　caup@public.bta.net.cn
经　销　新华书店
印　刷　北京鑫丰华彩印有限公司
版　次　2006 年 9 月第 1 版　2022 年 6 月第 8 次印刷
规　格　787 mm×1 092 mm　16 开本　9 印张　216 千字
定　价　26.00 元

主　编　胡　兰　沈阳农业大学

副主编　刘湘新　湖南农业大学
张　映　山西农业大学
刘　丽　华南农业大学

参　编　刘桂林　陈书明　山西农业大学
孙际佳　华南农业大学
罗淑萍　新疆农业大学
刘　梅　沈阳农业大学
张正珊　河北农业大学
朱素娟　扬州大学
谭　超　湖南农业大学

前　言

动物生物化学实验课是动物科学和动物医学等专业学生的必修课之一，是培养相关专业大学生实验技能的重要课程之一。近年来，随着生物技术的迅猛发展、教学评估要求条件的变化，各高校动物生物化学实验课程的教学均进行了一定程度的调整。在这种情况下，本着内容适合现今教学、满足课程建设、人才培养需要的宗旨，我们着手编写了这本实验教材。

该教材共九章，第一章为学生应该了解的动物生物化学实验常识。第二章为生物化学常用技术的原理和应用，包括离心技术、电泳技术、分光光度技术、层析技术。第三章至第八章为酶学实验、糖类实验、脂类实验、蛋白质实验、核酸实验、维生素实验内容。第九章为综合实验内容。实验介绍过程中，我们力求语言精练，容易理解。同时我们还介绍了一些新的仪器和方法，如自动生化分析仪、核酸重组技术等。其他章节均为具体的实验项目，所选大部分实验内容是目前多所农业高校开设的实验，代表性强、经费使用较少、涉及范围较宽。

该教材编写主要特点是：

(1)定位明确，主要针对动物科学、动物医学专业的本科生编写。实验设计均以动物为试材，而且涵盖了全国大多数农业院校动物科学、动物医学专业开设动物生物化学实验内容，针对性较强、内容相对集中。

(2)紧密与理论教材配套，根据理论内容的讲授顺序安排实验内容，让学生易学好用。该书共选择了26个实验项目，分为酶学、糖类、脂类、蛋白质、核酸、维生素和综合性实验，学生更容易理解。

(3)既有验证性实验项目，也有综合性实验内容，能够满足各校教改和教学评估的要求。综合性实验将蛋白质、酶等生物活性分子的初级制备、分离纯化和系统的分析鉴定方法有机地结合起来，体现了生物化学实验技术的特点。

(4)强调了关键技术及容易失败的地方，便于学生自己独立完成实验。

(5)有选择的空间，大部分综合性实验项目均包含了相关的系列内容，教师可以根据不同实验室的条件进行选择，也可以让学生自行设计、综合，便于发挥学生能动性与创造性。

由于编写时间比较仓促，能力有限，错误之处在所难免，竭诚希望广大读者不吝赐教，非常感谢！

编　者

2006年7月

目　录

(一)一般玻璃仪器的洗涤

凡能用毛刷刷洗的仪器(如试管、烧杯、锥形瓶、量筒等),先用自来水洗刷再用毛刷蘸取洗衣粉(肥皂或去污粉)将仪器内、外部(特别是内壁)细心刷洗,用自来水冲洗干净后,再用少量蒸馏水冲洗 2~3 次,倒置于仪器架上自然晾干后备用。

(二)不能用毛刷刷洗的量器洗涤

凡不能用毛刷刷洗的量器(如容量瓶、滴定管、刻度吸管等),应先用自来水冲洗,沥干,再用重铬酸钾清洁液浸泡 4~6 h(或过夜),自清洁液中取出并沥干后,用自来水冲洗干净,再用蒸馏水冲洗 2~3 次,倒置于量器架上自然干燥。

(三)新购量器的洗涤

新购量器表面常附有游离的碱性物质及污泥,可先用肥皂水洗刷再用自来水洗净,然后浸泡在 1%~2%盐酸溶液中过夜(不少于 4 h)后,再进一步洗涤,最后用蒸馏水冲洗 2~3 次。

(四)窄口仪器的洗涤(容量瓶、试剂瓶)

使用后立即在洗涤剂溶液或清水中浸泡过夜,洗涤剂溶液倒入容器内(约 1/4),小心转动或摇动仪器,自来水冲洗,最后用蒸馏水冲洗 2~3 次。

(五)判断洗净的标准

洗净的玻璃仪器管壁光洁、清亮,无污渍;被水湿润后,管壁呈现均匀水膜,无挂水珠。

(六)干燥方法

1. 晾干　仪器倒立放在特制架子上,自然晾干。

2. 烘干　尽量倒净仪器内部的水,将其倒立放在托盘上,放入烘箱烘干。普通仪器用80~100℃,容量分析仪器用 37~40℃。

3. 有机溶剂干燥　体积小的容器急需干燥时,可用此法。洗净的仪器先用少量酒精洗一次,再用少量丙酮或乙醚洗涤,吹干(不必加热)。

二、刻度吸管的使用

刻度吸管是使用广泛的一种小容量吸管,其准确度较高,常用的有 10 mL、5 mL、2 mL、1 mL、0.5 mL、0.1 mL 等几种。因生产厂家的不同,其刻度方法也有所不同,一般可分为吹出式和流出式等形式。

吹出式:此种吸管一般都注有“吹”字,使用 1 mL 以下(不包括 1 mL)的吸量管,必须将管尖端残留的液体吹入受器内。

流出式:此类吸管的刻度上有零刻度、下无总量刻度,或上有总量刻度、下无零刻度的为流出式。这类吸管又可分为慢流速、快流速两种,按其容量和精密度不同,慢流速吸管又可分为 A 级与 B 级,而快流速吸管只有 B 级,在吸量管上都注有 A 或 B。若使用 1 mL 以上(包括 1 mL)吸管尖端残留液体,让吸管尖端紧靠在管壁上,A 级停留 5 s,B 级停留 3 s,同时转动吸管,最后吸管尖端残留的液体不应吹出。

上述两类吸管虽有不同之处,但其操作规程是相同的,现将其使用方法一并介绍如下:

(一)选择

使用前应根据需要选择适当的吸量管,其总容量最好等于或稍大于取液量,同时必须看清楚吸量管的刻度读数,以免弄错。

砷化物、乙腈、甲醇、氯化氢、汞及其化合物等。中毒的原因主要是由于不慎吸入、误食或由皮肤渗入。

为预防中毒，在实验中要注意以下事项：①使用有毒或有刺激性气体时，必须佩戴防护眼镜，并应在通风橱内进行。②取用毒品时必须佩戴橡皮手套。③严禁用嘴吸移液管，严禁在实验室内饮水、进食、吸烟，禁止赤膊和穿拖鞋。④禁止用乙醇等有机溶剂擦洗溅洒在皮肤上的药品。

(三)伤害

在生物化学实验室常见的是割伤，要特别注意预防，尤其是在向橡皮塞中插入温度计、玻璃管时一定要先用水或甘油润滑，再用布包住玻璃管轻轻旋入，切不可用力过猛，若发生严重割伤时要立即包扎止血，就医时务必检查伤部神经是否被切断。

其他的伤害包括化学灼伤或皮肤灼伤等。因此建议在实验室准备一个完备的小药箱，专供急救时使用。药箱内备有：医用酒精、红药水、紫药水、止血粉、创可贴、烫伤油膏（或万花油）、鱼肝油、1%硼酸溶液或2%醋酸溶液、1%碳酸氢钠溶液、20%硫代硫酸钠溶液、医用镊子和剪刀、纱布、药棉、棉签、绷带等。

(四)触电与着火

生物化学实验室要使用大量的仪器、烘箱和电炉等，因此每位实验人员都必须能熟练地安全用电，防止一切用电事故（包括实验人员不慎触电和电器着火）的发生。此外，生化实验室经常使用大量的有机溶剂，如甲醇、乙醇、丙酮、氯仿等，而实验室又经常使用电炉、酒精灯等火源，因此极易发生着火事故。如乙醚、二硫化碳、丙酮和苯的燃点都很低，因此不得存放于可能会产生电火花的普通冰箱内。

预防火灾必须严格遵守以下操作规程：①严禁在开口容器和密闭体系中用明火加热有机溶剂，只能使用加热套或水浴加热。②废有机溶剂不得倒入废物桶，只能倒入回收瓶，以后再集中处理。量少时用水稀释后排入下水道。③不得在烘箱内存放、干燥、烘焙有机物。④在有明火的实验台面上不允许放置开口的有机溶剂或倾倒有机溶剂。

实验室中一旦发生火灾切不可惊慌失措，要保持镇静，根据具体情况正确地进行灭火或立即报火警。

第三节　生化实验基本操作

生物化学实验中除了有些特殊的操作和方法使用某些特殊仪器外，整个实验的绝大部分是由各种常用基本操作组成的。而基本操作的掌握是否正确和熟练程度往往是决定实验成败的关键。因此，必须有意识地加强基本操作的练习。本章介绍生化实验中常用的一些基本操作。

一、玻璃仪器的洗涤

在生化实验中，所用的玻璃仪器清洁与否，是获得准确结果的重要一环。往往由于仪器的不清洁或被污染而造成实验误差，甚至出现相反的实验结果。因此，玻璃仪器的清洁是非常重要的。清洁的玻璃仪器，应十分明亮光洁，如将洗干净的玻璃仪器倒置时，不应在器壁上挂有水珠，否则表示尚未洗净，必须重新洗涤。

第二节 动物生化实验室常识与规则

一、实验室规则

(1)实验前必须认真预习实验内容,明确本次实验的目的和要求,掌握实验原理。

(2)实验时自觉遵守实验室纪律,保持室内安静,不大声说笑和喧哗。

(3)实验过程中要听从教师指导,认真按照实验步骤和操作规程进行实验。实验时如实进行实验记录,实验完毕及时整理数据,按时上交实验报告。

(4)配制的试剂和实验过程中的样品,必须贴上标签、写上品名、浓度、姓名和日期等,放在冰箱中的易挥发溶液和酸性溶液,必须严密封口。

(5)配制和使用溶液必须极为小心,强酸强碱必须倒入废液缸或冲稀后排放。电泳后的凝胶和各种废物不得倒入水池,只能倒入废物桶。

(6)使用各类仪器应严格遵守操作规程。仪器发生故障应立即报告教师,未经许可不得自己随意检修。

(7)实验室内严禁吸烟、饮水和进食,严禁用嘴吸移液管和虹吸管。易燃液体不得接近明火和电炉,凡产生烟雾、有害气体和不良气味的实验,均应在通风条件下进行。

(8)进行动物实验时,必须在取材结束后立即对实验动物进行妥善处理,并及时清洗场地,严禁将实验动物或组织器官丢弃在水池内。

(9)实验完毕必须及时洗净并放好各种玻璃仪器,保持实验台面、称量台、药品架、水池以及各种实验仪器内外的清洁及整齐。

(10)爱护并保管好每组的仪器和玻璃器皿,打破了玻璃仪器要及时向教师报告,并自觉登记,学期结束时按规定进行处理。

(11)严格遵守实验室安全用电规则和其他安全规则。

(12)每日实验完毕,值日生要认真做好实验室的卫生值日工作。最后离开实验室的实验人员,必须检查并关好水、电、门、窗。

二、实验室安全及防护知识

每一位在生化实验室工作的人员都必须有充分的安全意识,严格的防范措施和防护救治知识,一旦发生意外要正确地进行处置,以防事故进一步扩大。

(一)爆炸

由于在实验过程中涉及各种化学反应,所以生物化学实验室防止爆炸事故是极为重要的。如,加热时会发生爆炸的混合物有:有机化合物与氧化铜、浓硫酸与高锰酸钾、三氯甲烷与丙酮等。

常见的引起爆炸事故的原因有:①随意混合化学药品,并使其受热、受摩擦和撞击。②在密闭的体系中进行蒸馏、回流等加热操作。③在加压或减压实验中使用了不耐压的玻璃仪器,或反应过于激烈而失去控制。④易燃易爆气体大量逸入室内。

(二)中毒

在生化实验室常见的化学致癌物有:石棉、砷化物、铬酸盐、溴乙锭等。剧毒物有:氰化物、

第一章 动物生物化学实验常识

第一节 动物生化实验技术发展简史

生物化学是一门实验性科学，每一项生化知识的发现与研究都离不开实验技术。虽然人类早已在生产实践中应用了各种生物化学技术，如酿酒、制酱等，但是第一个真正的生物化学实验是在1896年进行的，Eduard Buchner用不含细胞的酵母菌提取液成功地在活的生物体外实现了糖转化为酒精的发酵过程。在20世纪，生化实验技术进入了快速发展阶段。20世纪初，利用微量分析技术发现了维生素、激素和辅酶等。1924年，T. Svedberg创建的“超离心技术”实现了对生化物质进行离心分离，并准确测定了血红蛋白等复杂蛋白质的相对分子质量。1935年，Schoenheimer和Rittenberg将放射性同位素示踪用于碳水化合物及类脂物质的中间代谢的研究。1937年，瑞典的化学家Tisellius研制了电泳仪，建立了研究蛋白质的移动界面电泳方法。1941年Martin和Synge建立了分配层析技术，利用柱层析使混合液中的氨基酸得到分离。在20世纪50年代后，由于各种仪器分析方法用于生物化学研究，如HPLC技术、红外、紫外、圆二色等光谱技术、NMR核磁共振技术等，使生化实验技术取得了很大的发展。Wilkins通过对DNA分子的X-射线衍射研究证实了Watson和Crick的DNA模型，Kendrew和Perutz先后对肌红蛋白和血红蛋白的结构进行X-射线结构分析，成为研究生物大分子空间立体结构的先驱。1953年，Sanger确定了胰岛素分子的氨基酸序列，1958年Stem，Moore和Spackman设计出氨基酸自动分析仪，1967年Edman和Begg制成了多肽氨基酸序列分析仪，1973年Moore和Stein设计出氨基酸序列自动测定仪，大大加快了蛋白质的分析工作。1965年我国化学和生物化学家用化学方法在世界上首次人工合成了具有生物活性的结晶牛胰岛素。此外，层析和电泳技术也取得重大的进展，1969年Weber应用SDS-聚丙烯酰胺凝胶电泳技术测定了蛋白质的相对分子质量，在1968—1972年Anfinsen创建了亲和层析技术。

20世纪70年代，核酸研究的开展将生化实验技术推入了辉煌发展的时期。1972年，Berg等人首次用限制性内切酶切割了DNA分子，并实现了DNA分子的重组。1973年，Cohen等人第一次完成了DNA重组体的转化技术。与此同时，各种仪器分析手段进一步发展，制成了DNA序列测定仪、DNA合成仪等。1980年，英国剑桥大学的生物化学家Sanger和美国哈佛大学的Gilbert分别设计出两种测定DNA分子内核苷酸序列的方法，从此，DNA序列分析法成为生物化学与分子生物学最重要的研究手段之一。1981年，由Jorgenson和Lukacs提出的高效毛细管电泳技术（HPCE）是生化实验技术和仪器分析领域的重大突破。1984年，Kohler、Milstein和Jerne发展了单克隆抗体技术，完善了极微量蛋白质的检测技术。1985年，Mullis等发明了PCR技术（即聚合酶链式反应的DNA扩增技术），对于生物化学和分子生物学的研究工作具有划时代的意义。在20世纪90年代后，各种生化实验技术得到了进一步的发展和完善，并不断涌现新的技术手段，如基因芯片、蛋白质芯片等，有力地推动基因组、后基因组及蛋白质组学的研究。

(二)执管

用右手拇指及中指持住吸量管的上部，用食指堵住管口及控制流量，刻度数字要向着自己。切忌用大拇指堵住管口，控制流量。

(三)量取溶液

左手持洗耳球，将吸量管的尖端插入所量取试剂液面下 1 cm 处。用洗耳球的下端出口对准吸量管上口，将液体轻轻吸上，眼睛注视上升液面，当液面上升至所需取量稍高一些刻度时，立即用右手食指按紧管口。

(四)调准刻度

用食指控制流量，使液面缓慢下降至所需刻度，此时，液体弯月面底部、刻度和视线同在一水平线上，右手食指立即按紧吸管上口，使液体不再流出。如吸取的溶液黏度较大，则必须用小滤纸片将吸管尖端外部溶液擦干。

(五)放出溶液

将吸量管转移至盛所取溶液的容器内，让吸管尖端接触受器内壁，但不能插入受器内原有液体之中，以免污染吸管及试剂。稍松动右手食指，使液体自然流出。放液后吸管尖端残留的液体是吹出或不吹出，则视选用吸量管种类要求而定，若需要吹的则将其吹出，如要求不吹的则让吸管尖端停靠容器内壁，同时转动吸管。

(六)洗涤

吸取血液、尿、组织样品及黏稠样品的吸管，用后应及时用自来水冲洗干净。若吸取一般试剂的吸管可不必马上冲洗，暂时放在吸量管架上，待实验做完后再清洗。

三、微量移液器的使用

微量移液器是用于准确移取一定体积溶液，尤其是较小体积溶液(<100 μL)的一种量器。目前，已有多种型号、多种规格的移液器可供应用。有可调式、单刻度式，转移体积从 0.1 μL～10 mL 不等。可更换取样滴头(Tip)移取不同种类、不同体积的液体。使用时注意用拇指控制管腔压力。一般有两个档位，拇指压下的第一档松开后所取得的液体为标示体积；放出液体时，要用拇指压下至第二档止，才能将全部液体放出。

四、试管中液体的混匀法

容器中先后加入的几种试剂能否充分混匀往往是实验成败的关键之一。常用于试管中液体混匀的方法有下列几种：

(一)甩动法

右手持管上部，将试管轻轻甩动振摇即可混匀。此法适用于液体较少时。

(二)弹敲法

右手持管上部，将试管的下部在左手掌心弹敲。亦适用于管内液体不多时。

(三)旋转法

右手掌心顶住试管上口，五指拿紧试管，利用腕力使管向一个方向作圆周运动，使管内液体造成漩涡而混匀之。该法适用于试管中液体较多或小口器皿，如锥形瓶。

(四)吸管混匀法

用清洁吸管将溶液反复吸放数次，使溶液充分混匀。成倍稀释某种液体往往采用此法。

(五)用振荡器混匀

将需要混合的液体装入容器内(液体约占容器的1/3),手持容器放在振荡器的工作台上(或用附件固定)即可混匀。混匀速度视需要可进行调整。如用烧杯或三角烧瓶配制溶液时,一般可用玻棒搅拌或用磁力搅拌器搅拌溶解及混匀。

第四节　常用实验样品的处理

一、血液样品的采集

血液是生化分析中十分重要的样品之一。血液中各成分的生化分析结果是了解机体代谢变化的重要指标,因此必需掌握正确的血液样品的采集及处理的方法。

(一)采血前准备

1. 实验动物的准备　血液中有些化学成分有明显的昼夜波动,如血浆皮质醇在早晨高而傍晚低,至午夜降到最低水平;血清铁也有类似的波动;有些成分在动物进食前后有所改变且进餐后血清容易出现浑浊,影响和干扰结果的准确性,如血糖(GLU)、总胆固醇(TC),碱性磷酸酶(ALP)等。因此采血应在禁食12 h后进行,这样可以将食物对血液各种成分浓度的影响减少到最低程度。

2. 采血器具的准备　采血器皿及样品容器都必须清洁,充分干燥和冷却后才能使用。抽取血液时,动作不宜太快,采出的血液要沿管壁慢慢注入盛血容器内。若用注射器取血时,采血后应先取下针头,再慢慢注入容器内。推动注射器时速度也不可太快,以免吹起气泡造成溶血。盛血的容器不能用力摇动以免溶血。为防止犬病的产生和蔓延,必须做到一犬一针,或使用一次性消毒采血针头。

3. 对采血操作人员的要求　实验动物在出现兴奋、恐惧等状态时,某些生化指标会发生变化,影响实验结果的准确性,例如,实验操作过程中动作的简单粗暴,会使实验动物体内血液循环加快,糖消耗加快,使血糖结果偏低,因此要求实验操作人员对待实验动物必须要有爱心,动作要轻柔。

(二)采血部位的确定

各种实验动物的采血部位和方法需视动物的种类、检验项目、试验方法及所需血量而定。一般较大动物如马、牛、猪等多由颈静脉采取;小动物如兔常由耳静脉采取,也可从颈静脉及心脏采血。犬由隐静脉,天竺鼠和大白鼠则由心脏采取,家禽由翼静脉和隐静脉及心脏采取。

(三)血液采集的注意事项

1. 在采血时要避免溶血　溶血将造成成分混杂,引起测定误差。

2. 动脉血和静脉血的化学成分略有差异　除血氧饱和度、二氧化碳分压等有明显不同以外,静脉血中乳酸的浓度比动脉血中的略高。

3. 整个试验期间,采取的血液样品必须保持时间一致　在昼夜之间,或动物在饥饿与饱食的不同状态时,血液成分往往有很大不同,所以整个试验期间,选择采取血液样品的时间必须一致。

二、血清的制备

血清是全血不加抗凝剂自然凝固后析出的淡黄清亮液体。其所含成分接近于组织间液,代表着机体内环境的物理化学性状，比全血更能反映机体的状态，是常用的血液样品。

操作过程如下：将刚采集的血液直接注入试管，将试管倾斜放置，使血液形成一斜面。夏季于室温下放置，待血液凝固后，即有血清析出；冬季，室温较低，不易析出血清，故需将血液置于37℃水浴或温箱中促进血清析出。另外，也可将刚采集的血液注入洁净的离心管中，待血液凝固后，以钝头玻璃棒将血块与管壁轻轻剥离，2 000～2 500 r/min 离心 15 min 便有血清析出。析出的血清应及时用吸管吸出、备用，若不清亮或带有血细胞，应离心；制备好的血清，应及时进行实验测定，否则应加盖冷藏备用。

三、全血及血浆的制备

若要用全血或血浆作样品，必须在血液凝固前用抗凝剂处理血液。

(一)抗凝剂种类

实验室常用的抗凝剂有如下几种，可根据情况选择使用。

1. 草酸钾(钠)　此抗凝剂优点是溶解度大，可迅速与血中钙离子结合，形成不溶性草酸钙，使血液不凝固。每毫升血液用 1～2 mg 即可。

操作：配制 10%草酸钾(钠)水溶液。吸取此液 0.1 mL 放入试管中，慢慢转动试管，使溶液尽量铺散在试管壁上，置 80℃烘箱烤干(若超过 150℃则分解)，管壁即呈一薄层白色粉末，加塞备用。可抗凝血液 5 mL。

此抗凝血，常用于非蛋白氮等多种测定项目。不适用于钾、钙的测定。对乳酸脱氢酶、酸性磷酸酶和淀粉酶具有抑制作用，使用时应注意。

2. 草酸钾-氟化钠　氟化钠是一种弱抗凝剂。但浓度 2 mg/mL 时能抑制血液内葡萄糖的分解，因此在测定血糖时常与草酸钾混合使用。

操作：草酸钾 6 g、氟化钠 3 g，溶于 100 mL 蒸馏水中。每个试管加入 0.25 mL，于 80℃烘干备用，每管可抗凝 5 mL 血液。

此抗凝血，因氟化钠抑制脲酶，所以不能用于脲酶法的尿素氮测定，也不能用于淀粉酶及磷酸酶的测定。

3. 乙二胺四乙酸二钠盐(简称 $EDTANa_2$)　$EDTANa_2$，易与钙离子络合而使血液不凝。有效浓度为 0.8 mg 可抗凝 1 mL 血液。

操作：配成 4%$EDTANa_2$ 水溶液。每管装 0.1 mL，80℃烘干。可抗凝 5 mL 血液。

此抗凝血液适用于多种生化分析。但不能用于血浆中含氮物质、钙及钠的测定。

4. 肝素　最佳抗凝剂，主要抑制凝血酶原转变为凝血酶，从而抑制纤维蛋白原形成纤维蛋白而凝血。0.1～0.2 mg 或 20 U 可抗凝 1 mL 血液。

除上述抗凝剂外，还有柠檬酸钠(枸橼酸钠)、草酸铵等，因不常用于生化分析，故不作介绍。

配成 10 mg/mL 的水溶液。每管加 0.1 mL 于 37～56℃烘干，可抗凝 5～10 mL 血液(市售品为肝素钠溶液，每毫升含 12 500 IU，相当于 100 mg，故每 125 IU 相当于 1 mg)。

注意：抗凝剂用量不可过多，如草酸盐过多，将造成钨酸法制备血滤液时蛋白质沉淀不完全，测氮时加奈氏试剂后易产生浑浊等现象。

(二)全血的制备

全血是指抗凝的血液,即在血液取出后立即与适量的抗凝剂充分混合,以免血液凝固。抗凝剂预加于准备承接血液的容器中。抗凝剂的种类可以根据实验的需要进行选择。

将刚采取的血液注入预先加有适合要求的抗凝剂试管中,轻轻摇动,使抗凝剂完全溶解并分布于血液中。

(三)血浆的制备

血浆是指抗凝血浆。游离血红蛋白、变性血红蛋白、纤维蛋白原的测定须用血浆。

将已抗凝的全血放置一段时间或于 2 000 r/min 离心 10 min,沉降血细胞,上层清液即为血浆。分离较好的血浆应为淡黄色。

为避免产生溶血,必须采用干燥清洁的采血器具和容器,尽量少振荡。

血浆比血清分离的快而且量多。两者的差别,主要是血浆比血清多含一种纤维蛋白原,其他成分基本相同。

(四)血液的量取

已制备好的抗凝血液放置后红血细胞将自然下沉,往往造成量取全血时的误差。因此量取全血时,血液必须充分混合,以保证血细胞和血浆分布均匀。其操作如下:

1. 血液混匀法　若血液装在试管中,可用玻璃塞或洁净干燥的橡皮塞,塞严管口。缓慢上下颠倒数次,使血细胞、血浆均匀混合。颠倒时切不可用力过猛,以免溶血。也可用一弯成脚形的小玻璃棒插入管内,上下移动若干次,使完全混匀。血液混匀后应立即量取,且每次量取前都必须重复此操作。

2. 准确量取法　用吸管量取血液时,要将已充分混匀的血液吸至需要量取血液容量的稍上方处,用滤纸片擦净吸管外壁黏着的血液,而后使血液慢慢流至刻度,放出多余血液。再次擦净管尖血液。然后运用食指压力控制着流出速度,慢慢把血液放入容器内,将最后一滴吹入容器内(若是不应吹的吸管,则将管尖贴在接受容器的壁上转动几秒钟,使液体尽量流出即可)。血液流出后,管壁应清明而看不到血液薄层附着。

四、无蛋白血滤液的制备

测定血液或其他体液的化学成分时,样品内蛋白质的存在常常干扰测定。因此,需要先做成无蛋白血滤液再行测定。

无蛋白血滤液制备的基本原理是以蛋白质沉淀剂沉淀蛋白,用过滤法或离心法除去沉淀的蛋白。常用的方法有:

(一)福林-吴宪 (Folin-Wu)氏法(钨酸法)

1. 原理

钨酸钠与硫酸混合,生成钨酸:$Na_2WO_4 + H_2SO_4 \rightarrow H_2WO_4 + Na_2SO_4$。

血液中蛋白质在 pH 值小于等电点的溶液中可被钨酸沉淀。沉淀液过滤或离心,上清液即为无色而透明、pH 约等于 6 的无蛋白滤液。可供非蛋白氮,血糖、氨基酸、尿素、尿酸及氯化物等项测定使用。

2. 试剂

(1)10%钨酸钠:称取钨酸钠($Na_2WO_4 \cdot 2H_2O$)100 g 溶于少量蒸馏水,最后加蒸馏水至 1 000 mL。此液以 1%酚酞为指示剂试之应为中性 (无色)或微碱性 (呈粉红色)。

(2)1/3 mol/L 硫酸溶液。

3. 操作

(1)取 50 mL 锥形瓶或大试管 1 支；

(2)吸取充分混匀之抗凝血 1 份，擦净管外血液，缓慢放入锥形瓶或试管底部；

(3)准确加入蒸馏水 7 份，混匀，使完全溶血；

(4)加入 1/3 mol/L 硫酸溶液 1 份，随加随摇；

(5)加入 10%钨酸钠 1 份，随加随摇；

(6)放置约 5 min 后，如振摇亦不再发生泡沫，说明蛋白质已完全变性沉淀。用定量滤纸过滤或离心 (2 500 r/min，10 min)，即得完全澄清无色之无蛋白血滤液。

制备血浆或血清的无蛋白血滤液与上述方法相似。不同点是加水 8 份，而钨酸钠和硫酸各加 1/2 份。

(二)黑登 (Haden)改良法

取血液 1 份加入锥形瓶或大试管中，加入 8 份 1/24 mol/L 硫酸溶液，此时血细胞迅速破裂，颜色变黑(若反应进行较慢，可振摇容器以加速反应进行)，再加入 10%钨酸钠 1 份，摇匀，过滤或离心即可。以此方法准备无蛋白滤液优点是产生的滤液较多。

用上述任何方法制得的血滤液，都是将原来样品稀释 10 倍(1∶10)。所以 1 mL 无蛋白血滤液相当于 0.1 mL 的全血、血浆或血清。

(三)氢氧化锌法

1. 原理　血液中蛋白质在 pH 值大于等电点的溶液中可用 Zn^{2+} 来沉淀。生成的氢氧化锌本身为胶体，可将血中葡萄糖以外的许多还原性物质吸附而沉淀。所以，此法所得滤液最适作血液葡萄糖的测定 (因为葡萄糖多是利用它的还原性来定量的)。但测定尿酸和非蛋白氮时含量降低，不宜使用此滤液。

2. 试剂

(1)10%硫酸锌溶液：称取硫酸锌 ($ZnSO_4 \cdot 7H_2O$)10 g 溶于蒸馏水并定容至 100 mL。

(2)0.5 mol/L 氢氧化钠溶液。

3. 操作

(1)取干燥洁净 50 mL 锥形瓶或大试管 1 支，准确加入 7 份水。

(2)准确加入混匀的抗凝血 1 份，摇匀。

(3)加入 10%硫酸锌溶液 1 份，摇匀。

(4)慢慢加入 0.5 mol/L 氢氧化钠溶液 1 份，边加边摇。放置 5 min，用定量滤纸过滤或离心 (2 500 r/min，10 min)。得清明透亮之滤液，此滤液稀释 10 倍。

(四)三氯醋酸法

1. 原理　三氯醋酸为一有机强酸，能使蛋白质变性而沉淀。

2. 试剂　10%三氯醋酸溶液。

3. 操作　取 10%三氯醋酸 9 份置于锥形瓶或大试管中，加 1 份已充分混匀的抗凝血液。加时要不断摇动，使其均匀。静置 5 min，过滤或 2 500 r/min，离心 10 min。即得 10 倍稀释之清明透亮的滤液。

五、生物大分子的基本制备技术

研究蛋白质、酶和核酸等生物大分子的结构与功能，必须首先解决生物大分子的制备问题，而生物大分子的分离纯化与制备是一件十分细致而困难的工作。与化学产品的分离制备相比较，生物大分子的制备有以下主要特点：

(1)生物材料的组成极其复杂，常常包含有数百种乃至几千种化合物。

(2)许多生物大分子在生物材料中的含量极微，分离纯化的步骤繁多，流程长。

(3)许多生物大分子一旦离开了生物体内的环境时就极易失活，因此分离过程中如何防止其失活，就是生物大分子提取制备最困难之处。

(4)生物大分子的制备几乎都是在溶液中进行的，温度、pH值、离子强度等各种参数对溶液中各种组成的综合影响，很难准确估计和判断。

制备生物大分子的分离纯化方法多种多样，主要是利用它们之间性质的差异。根据分子大小和形态不同建立的方法有差速离心、超滤、分子筛、透析等；根据分子溶解度不同建立的方法有盐析、萃取、有机溶剂沉淀、分配层析和结晶等；根据分子电荷差异不同建立的方法有电泳、等电聚焦电泳、离子交换层析等；根据分子生物功能专一性不同建立的方法有亲和层析。

(一)生物大分子制备的前处理

1. 生物材料的选择　制备生物大分子，首先要选择适当的生物材料。选择的材料应含量高、来源丰富、制备工艺简单、成本低，尽可能保持新鲜，尽快加工处理。如暂不提取，动物材料则需深度冷冻保存。

动物组织要先除去结缔组织、脂肪等非活性部分。如果所要求的成分在细胞内，则要先破碎细胞，然后用适当的溶剂提取。

2. 细胞的破碎　对于细胞中大多数成分如DNA、RNA、蛋白质和酶等，都需要首先破碎细胞、做成组织匀浆后才能进行分离和提取。所以生化实验中，破碎组织细胞使细胞内容物悬浮于缓冲液中形成的混悬液是重要的操作之一。

不同的生物体或同一生物体的不同部位的组织，其细胞破碎的难易不一，使用的方法也不相同。常用的方法有以下几种。

(1)研磨法：将新鲜离体的组织器官洗去血污，弃除其他组织，加入适当的溶液，直接用玻璃匀浆器磨成匀浆，或加入少量石英砂研磨成匀浆。此法多用于肝脏等柔软组织。

制作组织匀浆需要在低温下进行。组织器官离体后就应放置于冰冷溶液中处理，匀浆时，匀浆器相互摩擦而产生高热，易使酶变性，所以在匀浆器轴的中空部要放入冰盐溶液，匀浆器外套管也应用冰盐溶液冷却。

(2)组织捣碎器法：这是一种用组织捣碎机(即高速分散器)破碎细胞的方法，该法的优点是快速，但应注意由于瞬间高温可能会引起蛋白质的变性。多用于心脏等坚实组织。操作时亦可先用组织捣碎机捣成粗组织糜，而后再用玻璃匀浆器磨碎。

(3)反复冻融法：将待破碎的细胞冷至－15～－20℃，然后放于室温(或40℃)迅速融化，如此反复多次，由于细胞内形成冰粒使剩余胞液的盐浓度增高而引起细胞溶胀破碎。多用于红细胞的破碎。

(4)超声波法：此法是借助超声波的振动力破碎细胞壁和细胞器。破碎微生物细菌和酵母菌时，时间要长一些。

(5)溶胀法：细胞膜为天然的半透膜，在低渗溶液和低浓度的稀盐溶液中，由于存在渗透压差，溶剂分子大量进入细胞，将细胞膜胀破释放出细胞内含物。

(6)有机溶剂处理法：利用氯仿、甲苯、丙酮等脂溶性溶剂或SDS(十二烷基硫酸钠)等表面活性剂处理细胞，可将细胞膜溶解，从而使细胞破裂，此法也可以与研磨法联合使用。

3. 生物大分子的抽提　“抽提”是在分离纯化之前将经过预处理或破碎的细胞置于溶剂中，使被分离的生物大分子充分地释放到溶剂中，并尽可能保持原来的天然状态、保持其生物活性的过程。

抽提效果的好坏，关键在于溶剂的选择。选择溶剂的原则是：在所选溶剂中，目的产物溶解度大，又可保持其生物活性；而多数杂蛋白变性沉淀。

蛋白质和酶可以采用稀盐溶液、缓冲液、稀酸或稀碱、有机溶剂等抽提。

（1）稀盐溶液：离子强度对生物大分子的溶解度有极大的影响，绝大多数蛋白质和酶，在低离子强度的溶液中都有较大的溶解度，如在纯水中加入少量中性盐，蛋白质的溶解度比在纯水时大大增加，称为“盐溶”现象。盐溶现象的产生主要是少量离子的活动，减少了偶极分子之间极性基团的静电吸引力，增加了溶质和溶剂分子间相互作用力的结果。

（2）稀酸或稀碱：蛋白质、酶的溶解度和稳定性与 pH 值有关，在酸碱环境中蛋白质或酶的溶解度增加，但过酸、过碱都容易引起蛋白质变性失活。一般提取溶剂的 pH 值应在蛋白质和酶的稳定范围内，常常将 pH 值控制在 6～8，在偏离等电点的两侧。

（3）有机溶剂：一些和脂类结合比较牢固或分子中非极性侧链较多的蛋白质和酶难溶于水、稀盐、稀酸或稀碱中，常用不同比例的有机溶剂提取。

常用的有机溶剂有乙醇、丙酮、异丙醇、正丁酮等，这些溶剂可以与水互溶或部分互溶，同时具有亲水性和亲脂性。

有些蛋白质和酶既溶于稀酸、稀碱，又能溶于含有一定比例的有机溶剂的水溶液中，在这种情况下，采用稀的有机溶液提取常常可以防止水解酶的破坏，并兼有除去杂质提高纯化效果的作用。

提取时为防止蛋白质和核酸变性或降解，需要注意以下几点：一般在 0～5℃的低温操作；可以加入降解酶的抑制剂；搅拌时要温和，速度太快容易产生大量泡沫，增大了与空气的接触面，会引起酶等物质的变性失活。

（二）生物大分子的分离纯化

由于生物体的组成成分非常复杂，数千种乃至上万种生物分子处于同一体系中，因此不可能有一个适合于各类分子的固定的分离程序，但多数分离工作关键部分的基本手段是相同的。

为了避免盲目性，节省实验探索时间，要认真参考和借鉴前人的经验，少走弯路。常用的分离纯化方法和技术有：沉淀法（包括盐析、有机溶剂沉淀、选择性沉淀等）、离心、吸附层析、凝胶过滤层析、离子交换层析、亲和层析、快速制备型液相色谱以及等电聚焦制备电泳等。本节以介绍沉淀法为主。

1. 生物大分子的沉淀　沉淀是溶液中的溶质由液相变成固相析出的过程。沉淀法是分离纯化生物大分子，特别是制备蛋白质和酶时最常用的方法。操作简便，成本低廉。

其基本原理是根据不同物质在溶剂中的溶解度不同而达到分离的目的，不同溶解度的产生是由于溶质分子之间及溶质与溶剂分子之间亲和力的差异而引起的，溶解度的大小与溶质和溶剂的化学性质及结构有关，溶剂组分的改变或加入某些沉淀剂以及改变溶液的 pH 值、离子强度和极性都会使溶质的溶解度产生明显的改变。

最常用的几种沉淀方法是：

中性盐沉淀（盐析法）：多用于各种蛋白质和酶的分离纯化；有机溶剂沉淀：多用于蛋白质

和酶、多糖、核酸以及生物小分子的分离纯化；选择性沉淀(热变性沉淀和酸碱变性沉淀)：多用于除去某些不耐热的和在一定 pH 值下易变性的杂蛋白；等电点沉淀：用于氨基酸、蛋白质及其他两性物质的沉淀，但此法单独应用较少，多与其他方法结合使用。和有机聚合物沉淀：是发展较快的一种新方法，主要使用 PEG 聚乙二醇(Polyethyene glycol)作为沉淀剂。

(1)盐析法：盐析方法的原理是蛋白质在高浓度盐的溶液中，随着盐浓度的逐渐增加，由于蛋白质水化膜被破坏、溶解度下降而从溶液中沉淀出来。各种蛋白质的溶解度不同，因而可利用不同浓度的盐溶液来沉淀分离各种蛋白质。

盐析法提纯蛋白质时应考虑以下几个条件的选择。

①盐的种类：蛋白质盐析常用中性盐，主要有硫酸铵、硫酸镁、硫酸钠、氯化钠、磷酸钠等。应用最广泛的是硫酸铵，硫酸铵的优点是：

ⓐ溶解度大：25℃时硫酸铵的溶解度可达 4.1 mol/L(541 g/L)以上。大约每升水可溶解 767 g 之多。在这一高溶解度范围内，许多蛋白质和酶都可以被盐析沉淀出来。

ⓑ温度系数小：硫酸铵的溶解度受温度影响不大，例如 0℃时，硫酸铵的溶解度仍可达到 3.9 mol/L(515 g/L)。大约每升水可溶解 676 g。对于需要在低温条件下进行酶的纯化来说，应用硫酸铵是有利的。

ⓒ硫酸铵不易引起蛋白质变性：对于很多种酶还有保护作用，且价格低廉，容易获得。

硫酸铵的缺点是铵离子干扰双缩脲反应，为蛋白质的定性分析造成一定困难。

②盐的浓度：分段盐析法是通过改变盐的浓度达到分离目的，应该将盐的浓度准确地分步提高到各种蛋白质所需的浓度。盐的浓度常用饱和度表示，饱和溶液定为 100%。调整硫酸铵溶液饱和度的方法有计算、查表两种：

ⓐ添加饱和溶液的计算法：如 S_2 为所需达到的饱和度，S_1 为原来的饱和度，V 为达到所需饱和度的溶液体积，V_0 为原来的体积。则

$$V = V_0 \frac{S_2 - S_1}{1 - S_2}$$

体积的改变造成的误差小于 2%，可以忽略不计。

ⓑ查表法：可以从表中直接查到将 1 L 饱和度为 S_1 的浓度提高到饱和度为 S_2 的浓度时所需添加固体硫酸铵的重量(g)。

③pH 值：溶解度与溶液的 pH 值有密切关系。当溶液的 pH 值达到蛋白质等电点时，蛋白质的溶解度最低，最易从溶液中析出，因此在盐析时，应控制溶液的 pH 值使之等于或接近蛋白质的等电点。

④温度：温度对蛋白质溶解度的影响不如 pH 值的影响显著。因此，对温度的要求不严格，低温主要是防止蛋白质变性和水解。

⑤蛋白质浓度：溶液中蛋白质浓度愈高，盐析所需的盐饱和度愈低。所以，盐析时蛋白质浓度不宜过低。但过高的蛋白质浓度也不适合，因会和其他蛋白产生共沉淀作用，影响纯度。

(2)有机溶剂沉淀法

①基本原理：有机溶剂对于许多蛋白质(酶)、核酸、多糖和小分子生化物质都能发生沉淀作用，是较早使用的沉淀方法之一。其原理主要是：

ⓐ降低水溶液的介电常数，向溶液中加入有机溶剂能降低溶液的介电常数，减小溶剂的极

性，从而削弱了溶剂分子与蛋白质分子间的相互作用力，导致蛋白质溶解度降低而沉淀。

ⓑ由于使用的有机溶剂与水互溶，它们在溶解于水的同时从蛋白质分子周围的水化层中夺走了水分子，破坏了蛋白质分子的水膜，因而发生沉淀作用。

②有机溶剂沉淀法的主要优点

ⓐ分辨能力比盐析法高，即一种蛋白质或其他溶质只在一个比较窄的有机溶剂浓度范围内沉淀。

ⓑ沉淀不用脱盐，过滤比较容易(如有必要，可用透析袋脱有机溶剂)，因而在生化制备中有广泛的应用。

其缺点是对某些具有生物活性的大分子容易引起变性失活，操作需在低温下进行。

③有机溶剂沉淀的影响因素

ⓐ温度：多数生物大分子如蛋白质、酶和核酸在有机溶剂中对温度特别敏感，温度稍高就会引起变性，且有机溶剂与水混合时产生放热反应，因此必须预冷，操作要在冰盐浴中进行，加入有机溶剂时必须缓慢且不断搅拌以免局部过浓。

一般规律是温度越低，得到的蛋白质活性越高。

ⓑ样品浓度：低浓度样品回收率低，高浓度样品可以节省有机溶剂，减少变性的危险，但杂蛋白的共沉淀作用大。通常使用5～20 mg/mL的蛋白质初浓度为宜。

ⓒpH值：选择在样品稳定的pH值范围内，通常是选在等电点附近，从而提高此沉淀法的分辨能力。

ⓓ离子强度：盐浓度太大或太小都有不利影响，通常盐浓度以不超过5%为宜，使用乙醇的量也以不超过原蛋白质水溶液的2倍体积为宜，少量的中性盐对蛋白质变性有良好的保护作用，但盐浓度过高会增加蛋白质在水中的溶解度，降低了沉淀效果，通常是在低浓度缓冲液中沉淀蛋白质。

沉淀所得的固体样品，如果不是立即溶解进行下一步的分离，则应尽可能抽干沉淀，减少其中有机溶剂的含量，如若必要，可以装透析袋透析脱有机溶剂，以免影响样品的生物活性。

(3)选择性变性沉淀法：这一方法是利用目的生物大分子与非目的生物大分子在物理或化学性质等方面的差异，选择一定的条件使杂蛋白等非目的物变性沉淀而得到分离提纯。

①热变性：利用目的生物大分子对热的稳定性不同，加热升高温度使非目的生物大分子变性沉淀而保留目的物在溶液中。

②表面活性剂和有机溶剂变性：使那些对表面活性剂和有机溶剂敏感性强的杂蛋白变性沉淀。通常在冰浴或冷室中进行。

③选择性酸碱变性：利用对pH值的稳定性不同而使杂蛋白变性沉淀。通常是在分离纯化流程中附带进行的分离纯化步骤。

(4)等电点沉淀法：利用具有不同等电点的两性电解质，在达到电中性时溶解度最低，易发生沉淀，从而实现分离的方法。氨基酸、蛋白质、酶和核酸都是两性电解质，可以利用此法进行初步的沉淀分离。

由于许多蛋白质的等电点十分接近，而且带有水膜的蛋白质等生物大分子仍有一定的溶解度，不能完全沉淀析出，因此，单独使用此法分辨率较低，因而此法常与盐析法、有机溶剂沉淀法或其他沉淀剂一起配合使用，以提高沉淀能力和分离效果。

此法主要用于在分离纯化流程中去除杂蛋白，而不用于沉淀目的物。

2. 透析和超过滤(Dialysis and Ultrafiltration)

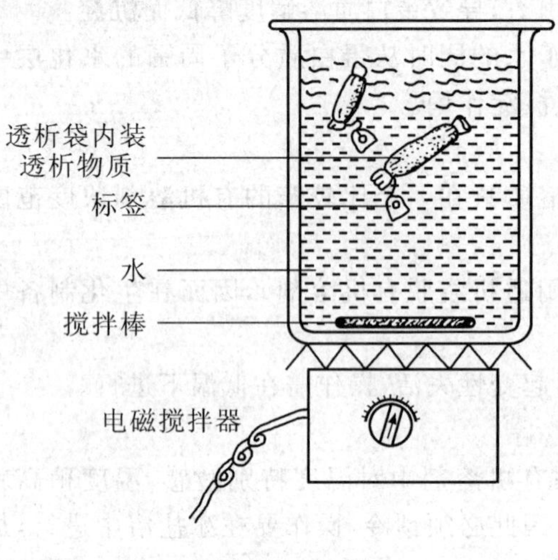

图 1-1 透析方法示意图

(1)透析:透析是利用蛋白质等生物大分子不能透过半透膜而进行纯化的一种方法。方法是将含盐的生物大分子溶液装入透析袋内。并将袋口扎好放入装有蒸馏水的大容器中,用搅拌方法使蒸馏水不断流动经过一段时间后,透析袋内除大分子外,小分子盐类透过半透膜进入蒸馏水中,使膜内外盐浓度达到平衡(图 1-1)。如在透析过程中更换几次大容器中的液体,可以使透析袋内的溶液达到脱盐的目的。脱盐透析是应用最广泛的一种透析方法。平衡透析也是常用的透析方法之一。方法是将装有生物大分子的透析袋装入盛有一定浓度的盐溶液或缓冲液的大容器中,经过透析,袋内外的盐浓度(或缓冲液 pH 值)一致,从而有控制地改变被透析溶液的盐浓度(或 pH 值)。

如将透析袋放入高浓度吸水性强的多聚物溶液中,透析袋内溶液中的水便迅速被袋外多聚物所吸收,从而达到袋内液体浓缩的目的。这种方法称为"反透析"。可用做反透析的多聚物有聚乙二醇(Polyethylene glycol,PEG)、聚乙烯吡咯烷酮(Polyvinyl pyrrolidone,PVP)、右旋糖、蔗糖等。透析用的半透膜很多,玻璃纸、棉胶、动物膜、皮纸等都可用来制作半透膜。

(2)超过滤:超过滤是利用具有一定大小孔径的微孔滤膜,对生物大分子溶液进行过滤(常压、加压或减压),使大分子保留在超滤膜上面的溶液中,小分子物质及水过滤出去,从而达到脱盐或浓缩的目的。这种利用超滤膜过滤分离大分子和小分子物质的方法叫做超滤法(图 1-2)。

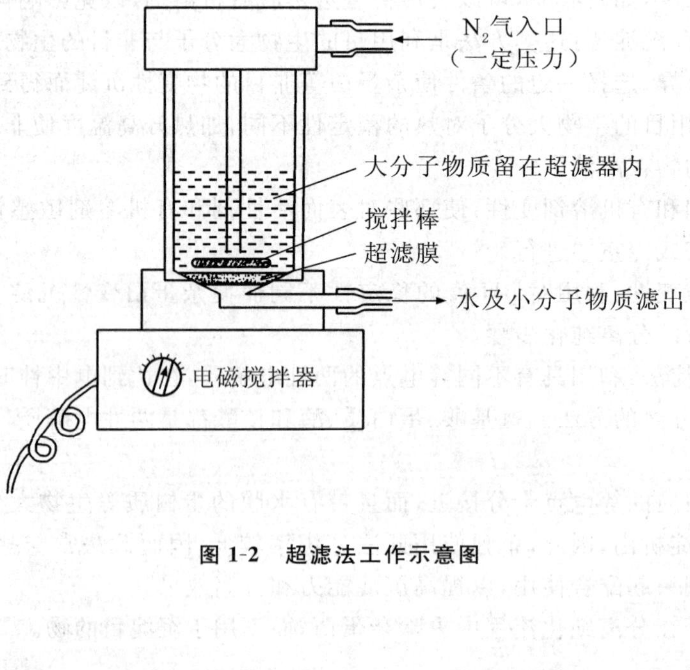

图 1-2 超滤法工作示意图

超过滤自20世纪20年代问世后，直至60年代以来发展迅速，很快由实验室规模的分离手段发展成重要的工业单元操作技术。超滤现已成为一种重要的生化实验技术，在生物大分子的制备技术中，超滤主要用于生物大分子的脱盐、脱水和浓缩等。

超过滤技术的关键是膜。常用的膜是由乙酸纤维或硝酸纤维或此二者的混合物制成。近年来发展了非纤维型的各向异性膜，例如聚砜膜、聚砜酰胺膜和聚丙烯腈膜等。这种膜在pH值1～14都是稳定的，且能在90℃下正常工作。超滤膜通常是比较稳定的，能连续用1～2年。

超过滤技术的优点是操作简便，成本低廉，不需增加任何化学试剂，尤其是超过滤技术的实验条件温和，与蒸发、冰冻干燥相比没有相的变化，而且不引起温度、pH值的变化，因而可以防止生物大分子的变性、失活和自溶。

超过滤法也有一定的局限性，它不能直接得到干粉制剂。对于蛋白质溶液，一般只能达到10%～50%的浓度。另外，由于超滤法处理的液体多数是含有水溶性生物大分子、有机胶体、多糖及微生物等。这些物质极易黏附和沉积于膜表面上，造成严重的浓差极化和堵塞，这是超过滤法最关键的问题，要克服浓差极化，通常可加大液体流量，加强湍流和加强搅拌。

3.减压浓缩冷冻干燥　因为生物大分子通常遇热不稳定，极易变性，浓缩和干燥生物大分子不能用加热蒸发的方法。因此减压浓缩和冷冻干燥已成为生物大分子制备过程常用的浓缩干燥技术。低压冻干法是使蛋白质溶液在圆底烧瓶的瓶壁上冷冻，同时在真空中让液体升华，以得到冻干的样品。通过冷冻干燥所得的产品能够保持生物大分子物质的天然性质，还具有疏松，易于溶解的特性，便于保存和应用。这是保存生物大分子最常用和最好的方法。

第五节　实验报告的撰写规范

生化实验是在生化理论及有关理论指导下的实践。实验目的在于经过实践掌握科学观察的基本方法和技能，培养科学思维、分析判断及解决实际问题的能力，培养尊重科学事实和真理的学风和科学态度。当然，通过实验还可以加深和扩大对生化理论的认识。

为了达到实验的目的，要求学生在实验前进行预习，通过预习对实验的内容、目的要求、基本原理、基本操作及注意事项有初步的了解；要求学生在实验中合理组织安排时间，严肃认真地进行操作，细致观察各种变化并如实做好实验结果的记录；还要求学生在操作结束后认真进行计算或分析，写好实验报告。

一、实验记录

实验记录应及时、准确、如实、详尽、清楚。

回顾性的记录容易造成无意或有意的失真。实验中应将观察到的现象、结果、数据及时记录在记录本(或《实验指导》合适位置)上。

实验结果的记录不可掺杂任何主观因素，不能受现成资料及他人实验结果的影响。若出现“不正常”的现象，更应如实详尽记录。

表格式的记录方式简练而清楚，值得提倡使用。如无专用的记录本，可分项记录于《实验指导》中相应的操作项目之下。记录时字迹必须清楚，不提倡使用易于涂改及消退的笔、墨作原始记录。

完整的实验记录应包括日期、题目(内容)、目的、操作,现象及结果(包括计算结果及各种图表)。使用精密仪器进行实验时还应记录仪器的型号及编号。实验结束后,应及时整理和总结实验结果,写出实验报告。按照实验内容可分为定性和定量实验两大类,下面分别列举两类实验报告的书写格式,以供参考。

二、定性实验报告书写格式

实验(编号) (实验名称)

1. 实验目的和要求。
2. 实验原理。
3. 实验操作方法(或步骤)。
4. 结果和讨论。

在写实验报告时,可以按照实验内容分别写原理、操作过程、结果与讨论等。原理部分应简述基本原理。操作方法(或步骤)可以采用工艺流程图的方法或自行设计的表格来表示。某些实验的操作方法可以和结果讨论的部分合并,自行设计各种表格综合书写。结果与讨论包括实验结果及观察现象的小结、对实验课遇到的问题和思考题进行探讨以及对实验的改进意见等。

三、定量实验报告书写格式

实验(编号)(实验名称)

1. 实验目的和要求。
2. 实验原理。
3. 实验的试剂配制及仪器。
4. 实验的操作方法(或步骤)。
5. 实验的数据处理。
6. 结果与讨论。

通常每一次实验课做一个定量实验,在实验报告中,应简明扼要地叙述实验的目的和要求、原理以及操作方法部分,但是对于实验条件(主要试剂与所用仪器型号)和操作的关键环节也必须书写清楚。对于实验结果部分,应根据实验课的要求将一定实验条件下获得的实验结果和数据进行整理、归纳、分析和对比,并尽量总结成各种图表、标准曲线图以及比较实验组与对照实验结果的图表等。

另外,还应针对实验结果进行必要的分析说明。讨论部分一般包括:对实验方法或操作技术以及有关的实验中的其他问题,如对实验的正常结果和异常现象以及思考问题进行探讨;对于实验设计的认识、体会和建议;对实验课改进的建议等。每个实验报告都应按照上述要求书写,实验报告的书写水平也是衡量学生实验成绩的一个重要方面。实验报告必须独立完成,严禁抄袭。

第二章　常用生化实验技术原理及应用

第一节　离心技术的原理及应用

一、离心技术的基本原理

离心是指悬浮于溶液中的样品装入离心管中，在一定的离心力作用下，样品中各溶质颗粒由于其大小、形状和密度的差异而彼此分离的过程。主要用于各种生物样品的分离和制备。在生物化学和分子生物学研究领域，离心技术已得到十分广泛的应用。

当一个粒子(生物大分子或细胞器)在高速旋转下受到离心力作用时，此离心力“F”由下式定义，即

$$F = m \cdot a = m \cdot \omega^2 r$$

式中：a—— 粒子旋转的加速度；

m—— 沉降粒子的有效质量；

ω——粒子旋转的角速度；

r——粒子的旋转半径，cm。

通常离心力常用地球引力的倍数来表示，因而称为相对离心力“RCF”。相对离心力是指在离心场中，作用于颗粒的离心力相当于地球重力的倍数，单位是重力加速度“g”(980 cm/s)。例如 25 000×g，则表示相对离心力为 25 000。此时“RCF”相对离心力可用下式计算：

$$RCF = \frac{\omega^2 r}{980} \omega = \frac{2\pi \times \text{rpm}}{60}$$

所以

$$RCF = 1.119 \times 10^{-5} \times (\text{rpm})^2 r$$

(rpm—— revolutions per minute 每分钟转数，r/min)

由上式可见，只要给出旋转半径 r，则 RCF 和 rpm 之间可以相互换算。但是由于转头的形状及结构的差异，使每台离心机的离心管，从管口至管底的各点与旋转轴之间的距离是不一样的，即沉降颗粒在离心管中所处位置不同，所受离心力也不同。所以在计算时规定旋转半径均用平均半径“r_{av}”代替：$r_{av} = (r_{min} + r_{max})/2$，科技文献中离心力的数据通常是指其平均值($RCF_{av}$)，即离心管中点的离心力。

一般情况下，低速离心时常以转速“rpm”来表示，高速离心时则以“g”表示。“g”可以更真实地反映颗粒在离心管内不同位置的离心力及其动态变化。

二、离心机的主要类型

离心机可分为工业用离心机和实验用离心机。实验用离心机又分为制备性离心机和分析性离心机。制备性离心机主要用于分离各种生物材料，每次分离的样品容量比较大；分析性离

心机一般都带有光学系统，主要用于研究纯的生物大分子和颗粒的理化性质，依据待测物质在离心场中的行为(用离心机中的光学系统连续监测)，能推断物质的纯度、形状和相对分子质量等。分析性离心机都是超速离心机。制备性离心机可分为三类：

1. 普通离心机　最大转速 6 000 r/min 左右，最大相对离心力近 6 000×*g*，容量为几十毫升至几升，分离形式是固液沉降分离，转子有角式和外摆式，其转速不能严格控制，通常不带冷冻系统，于室温下操作，用于收集易沉降的大颗粒物质，如红细胞、酵母细胞等。使用这种离心机时应注意样品热变性和离心管平衡。

2. 高速冷冻离心机　最大转速为 20 000～25 000 r/min，最大相对离心力为 89 000×*g*，最大容量可达 3 L，离心室的温度可以调节和维持在 0～4℃，通常用于微生物菌体、细胞碎片、大细胞器、硫铵沉淀和免疫沉淀物等的分离纯化，但不能有效地沉降病毒、小细胞器(如核蛋白体)或单个分子。使用时应使离心管精确平衡。

3. 超速离心机　转速可达 50 000～80 000 r/min，相对离心力最大可达 510 000×*g*，离心容量由几十毫升至 2 L。与高速离心机的主要区别是超速离心机装有真空系统。分离的形式是差速沉降分离和密度梯度区带分离，离心管平衡允许的误差要小于 0.1 g。超速离心机的出现，使生物科学的研究领域有了新的扩展，它能使过去仅仅在电子显微镜观察到的亚细胞器得到分级分离，还可以分离病毒、核酸、蛋白质和多糖等。

三、常用的离心分离方法

(一)差速沉降离心法

差速离心(Differential centrifugation)是指逐渐增加离心速度或低速和高速交替进行离心，使沉降速度不同的颗粒在不同的离心速度及不同离心时间下分批分离的方法。此法一般用于分离沉降系数相差较大的混合样品的分离(图 2-1)。这是最普通的离心法。

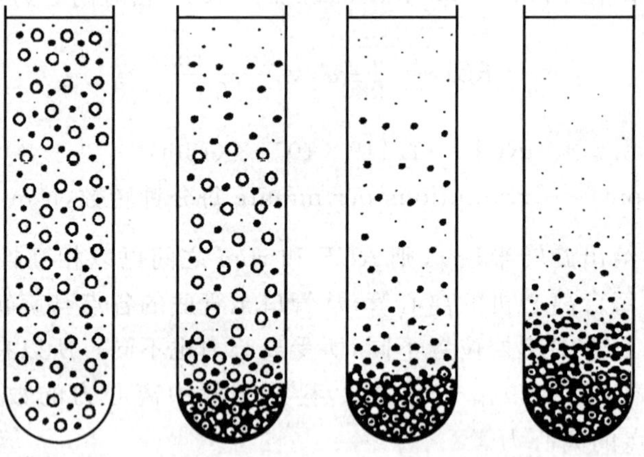

图 2-1　差速离心示意图

离心管 1～4，离心力增加，颗粒逐级被分离

差速离心首先要选择好颗粒沉降所需的离心力和离心时间。当以一定的离心力在一定的离心时间内进行离心时，在离心管底部就会得到最大和最重颗粒的沉淀。分出的上清液在加

大转速下再进行离心，又得到第二部分较大较重颗粒的沉淀及含较小和较轻颗粒的上清液，如此多次离心处理，即能把液体中的不同颗粒较好地分离开。此法所得的沉淀是不均一的，仍杂有其他成分，需经过 2～3 次的再悬浮和再离心，才能得到较纯的颗粒。

此法主要优点是：操作简便，离心后用倾倒法即可将上清液与沉淀分开，并可使用容量较大的角式转子。

缺点是：须多次离心，沉淀中有夹带，分离效果差，不能一次得到纯颗粒，沉淀于管底的颗粒受挤压，容易变性失活。主要适用从组织匀浆液中分离细胞器和病毒。

(二)密度梯度区带离心法(简称区带离心法)

区带离心法是将样品加在惰性梯度介质中进行离心沉降或沉降平衡，在一定的离心力下把颗粒分配到梯度中某些特定位置上，形成不同区带的分离方法。

此法的优点是：①分离效果好，可一次获得较纯颗粒；②适应范围广，能像差速离心法一样分离具有沉降系数差的颗粒，又能分离有一定浮力密度差的颗粒；③颗粒不会挤压变形，能保持颗粒活性，并防止已形成的区带由于对流而引起混合。

此法的缺点是：①离心时间较长；②需要制备惰性梯度介质溶液；③操作严格，不易掌握。

密度梯度区带离心法又可分为两种：

1. *差速区带离心法*　当不同的颗粒间存在沉降速度差时(不需要像差速沉降离心法所要求的那样大的沉降系数差)。在一定的离心力作用下，颗粒各自以一定的速度沉降，在密度梯度介质的不同区域上形成区带的方法称为差速区带离心法(图 2-2)。此法仅用于分离有一定沉降系数差的颗粒(20% 的沉降系数差或更小)或相对分子质量相差 3 倍的蛋白质，与颗粒的密度无关。大小相同、密度不同的颗粒(如线粒体，溶酶体等)不能用此法分离。

离心管先装好密度梯度介质溶液，样品液加在梯度介质的液面上。离心时，由于离心力的作用，颗粒离开原样品层，按不同沉降速度向管底沉降；离心一定时间后，沉降的颗粒逐渐分开，最后形成一系列界面清楚的不连续区带。沉降系数越大，往下沉降越快，所呈现的区带也越低。离心必须在沉降最快的大颗粒到达管底前结束，样品颗粒的密度要大于梯度介质的密度。梯度介质通常用蔗糖溶液，其最大密度和浓度可达 1.28 kg/cm^3 和 60%。此离心法的关键是选择合适的离心转速和时间。

2. *等密度区带离心法*　离心管中预先放置好梯度介质，样品加在梯度液面上，或样品预先与梯度介质溶液混合后装入离心管，通过离心形成梯度，这就是预形成梯度和离心形成梯度的等密度区带离心产生梯度的两种方式。

离心时，样品的不同颗粒向上浮起，一直移动到与它们的密度相等的等密度点的特定梯度位置上，形成几条不同的区带，这就是等密度离心法(图 2-3)。体系到达平衡状态后，再延长离心时间和提高转速已无意义，处于等密度点上的样品颗粒的区带形状和位置均不再受离心时间所影响，提高转速可以缩短达到平衡的时间，离心所需时间以最小颗粒到达等密度点(即平衡点)的时间为基准，有时长达数日。

等密度离心法的分离效率取决于样品颗粒的浮力密度差，密度差越大，分离效果越好，与颗粒大小和形状无关，但大小和形状决定着达到平衡的速度、时间和区带宽度。等密度区带离心法所用的梯度介质通常为氯化铯($CsCl$)，其密度可达 1.7 g/cm^3。此法可分离核酸、亚细胞器等，也可以分离复合蛋白质，但简单蛋白质不适用。

收集区带的方法有许多种，例如：①用注射器和滴管由离心管上部吸出；②用针刺穿离

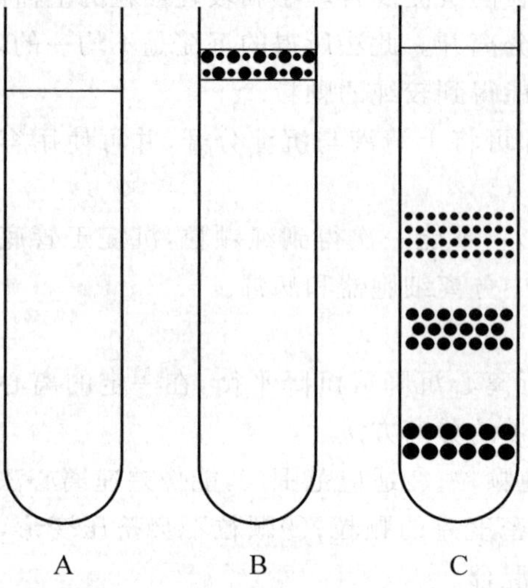

图 2-2　差速区带离心示意图

A. 充满密度梯度溶液的离心管；
B. 样品加于介质顶部；
C. 离心力作用下，粒子按照它们的质量以不同的速度移动。

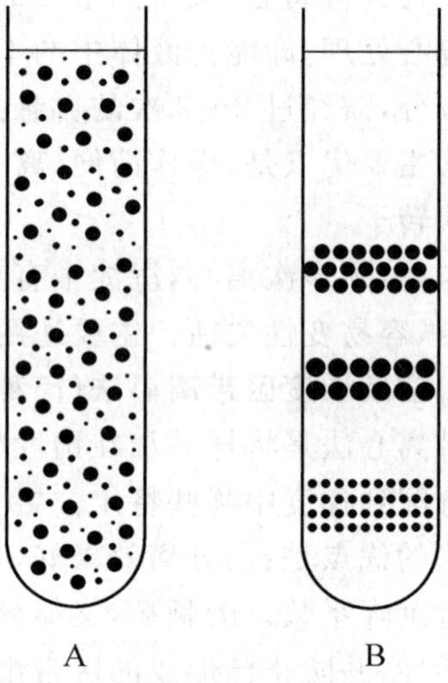

图 2-3　等密度梯度离心示意图

A. 样品与梯度介质混合的均匀溶液；
B. 离心力作用下，梯度介质重新分布，样品带停留在等密度处。

心管底部滴出；③用针刺穿离心管区带部分的管壁，把样品区带抽出；④用一根细管插入离心管底，泵入超过梯度介质最大密度的取代液，将样品和梯度介质压出，用自动部分收集器收集。

四、离心操作的注意事项

离速与超速离心机是生化实验教学和生化科研的重要精密设备，因其转速高，产生的离心力大，使用不当或缺乏定期的检修和保养，都可能发生严重事故，因此使用离心机时都必须严格遵守操作规程。

(一)恰当选择离心管

装载溶液时，要根据各种离心机的具体操作说明进行，根据待离心液体的性质及体积选用合适的离心管。有的离心管无盖，液体不得装得过多，以防离心时甩出，造成转头不平衡、生锈或被腐蚀。而制备性超速离心机的离心管，则常常要求必须将液体装满，以免离心时塑料离心管的上部凹陷变形。

(二)注意配平

使用各种离心机时，必须事先在天平上精密地平衡离心管和其内容物，平衡时重量之差不得超过各个离心机说明书上所规定的范围，每个离心机不同的转头有各自的允许差值。转头中绝对不能装载单数的管子，当转头只是部分装载时，管子必须互相对称地放在转头中，以便使负载均匀地分布在转头的周围。

(三)离心过程中不得随意离开

离心时，应随时观察离心机上的仪表是否正常工作，如有异常的声音应立即停机检查，及时排除故障。

(四)不得过速使用

每个转头各有其最高允许转速和使用累积限时,使用转头时要查阅说明书,不得过速使用。每一转头都要有一份使用档案,记录累积的使用时间,若超过了该转头的最高使用限时,则须按规定降速使用。

(五)注意保护转头

每次使用后,必须仔细检查转头,及时清洗、擦干,转头是离心机中须重点保护的部件,搬动时要小心,不能碰撞,避免造成伤痕,转头长时间不用时,要涂上一层上光蜡保护,严禁使用显著变形、损伤或老化的离心管。若要在低于室温的温度下离心时。转头在使用前应放置在冰箱或置于离心机的转头室内预冷。

第二节 光度测定法的原理及应用

一、分光光度法的基本原理

分光光度法是利用物质的分子或离子对某一波长范围光的吸收作用,对物质进行定性、定量分析及结构分析的一种技术。物质可对光产生不同程度的选择性吸收,当光线通过透明溶液介质时,其中一部分光可透过,一部分光被吸收,这种光波被溶液吸收的现象可用于某些物质的定性及定量分析。

光线是一种电磁波,其中可见光波长范围约由 760 nm 的红色到 400 nm 的紫色,波长短于 400 nm 的光线叫做紫外线,长于 760 nm 的叫做红外线。

分光光度法所依据的原理是 Lambert-Beer 定律,该定律阐明了溶液对单色光吸收的多少与溶液的浓度及液层厚度之间的定量关系。

(一)Lambert 定律(朗伯定律)

当一束单色光通过透明溶液介质时,由于一部分光被溶液吸收,所以光线的强度就减弱。当溶液浓度不变时,透过的液层越厚,则光线强度的减弱越显著。

设光线原来的强度为 I_0(入射光强度),通过厚度为 L 的液层后,其强度为 I(透过光强度),则 I/I_0 表示光线透过溶液的程度,用 T 表示:

$$T=\frac{I}{I_0}$$

式中:I/I_0 为透光度,以 T 表示,透光度的负对数($-\lg T$)与液层的厚度成正比,即

$$-\lg T=-\lg\frac{I}{I_0}=\lg\frac{I_0}{I}\propto L$$

将上式写成等式,得

$$\lg\frac{I_0}{I}=k_1 L$$

式中:k_1 为比例常数,它与入射光波长、溶液性质和浓度、温度等有关。$\lg I_0/I$ 称为吸光度(A)或光密度(D)。

所以

$$A(\text{或 }D)=k_1 L \quad ①$$

Lambert 定律的意义是：当一束单色光通过一定浓度的溶液时，其吸光度与透过的液层厚度（光程）成正比。

（二）Beer 定律（比尔定律）

Beer 定律的数学表达式为：

$$A(\text{或}\ D)=k_2c \quad ②$$

式②中 A 为吸光度，c 为溶液浓度，k_2 为比例常数，它与入射光波长、溶液性质、液层厚度及温度有关。

Beer 定律的意义是：当一束单色光照射溶液时，若液层厚度不变，其吸光度与溶液的浓度成正比。

（三）Lambert-Beer 定律（朗伯-比尔定律）

如果同时考虑液层厚度和溶液浓度对光吸收的影响，则必须将 Lambert 定律和 Beer 定律合并起来。得到 Lambert-Beer 定律的数学表达式为：

$$\lg\frac{I_0}{I}=kcL$$

$$A(\text{或}\ D)=kcL \quad ③$$

Lambert-Beer 定律的意义是：当一束单色光照射溶液时，其吸光度与溶液的浓度和透光液层厚度的乘积成正比。

（四）吸光系数与摩尔吸光系数

式③中 k 值随 c 和 L 的单位不同而异，与入射光波长及溶液的性质有关。当浓度 c 以 g/L、液层厚度 L 以 cm 为单位表示时，常数 k 以 a 表示，称为吸光系数，单位为 L/g · cm。此时式③变为：

$$A=acL \quad ④$$

若溶液的浓度 c 用 mol/L 表示，液层的厚度 L 用 cm 表示，则 k 写成 ε，得到

$$A=\varepsilon cL \quad ⑤$$

式⑤ε 称为摩尔吸光系数，单位为 L/mol · cm。它表示物质的浓度为 1 mol/L、液层厚度为 1 cm 时溶液的吸光度。摩尔吸光系数表明物质对某一特定波长光的吸收能力。ε 越大，表示该物质对某波长光的吸收能力越强，测定的灵敏度就越高。因此，在进行比色测定时，为了提高分析的灵敏度，必须选择 ε 大的有色化合物，以及选择具有最大 ε 值的波长作入射光。

二、光度法的计算

通常测定时通过仪器直接读出吸光度值，便可进一步按下列方式处理计算出待测溶液的浓度：

（一）计算公式法

即利用标准管法计算出待测溶液的浓度。在同样实验条件下同时测得标准液和待测液的吸光度值，然后进行计算。

根据朗伯-比尔定律③式得：

$$标准溶液：A_s = k_s c_s L_s$$

$$待测溶液：A_u = k_u c_u L_u$$

两种溶液的液层厚度相等，$L_u = L_s$，而且是同一物质的两种不同浓度，在测定时所用单色光也相同，则 $k_u = k_s$。

两式相比得：

$$\frac{A_u}{A_s} = \frac{A_s}{c_s} \quad 即\ c_u = \frac{A_u}{A_s} \cdot c_s$$

公式中 A_u、A_s 可由分光光度计测出，c_s 为已知，则待测溶液的浓度 c_u 即可求出。

以上测定方法要求两者的浓度必须在光度计有效读数范围内，同时要求配制的标准溶液浓度应尽量接近被测定溶液，不然将出现测定误差。因此，在测定浓度各不同的同一物质的批量样品时，需要配制许多标准溶液，很不方便。

(二)标准曲线法

即利用标准曲线求出待测溶液的浓度。分析大批待测溶液时，采用此法比较方便。先配制一系列浓度由大到小的标准溶液，测出它们的吸光度。在标准液的一定浓度范围内，溶液的浓度与吸光度之间呈直线关系。以各管的吸光度为纵坐标，各管浓度为横坐标，通过原点作出吸光度与浓度成正比的直线图，此直线称为标准曲线。

在制作标准曲线时，起码用 5 种浓度递增的标准溶液，测出的数据至少有 3 个点落在直线上，这样的标准曲线方可使用。

各个未知溶液按相同条件处理，在同一光度计上测定吸光度值，即可迅速从标准曲线上查出相应的浓度值。测定待测溶液时，操作条件应与制作标准曲线时相同，测定吸光度后，从标准曲线上可以直接查出其浓度。如图 2-4 中，可由 A_u 直接查出其浓度 c_u。

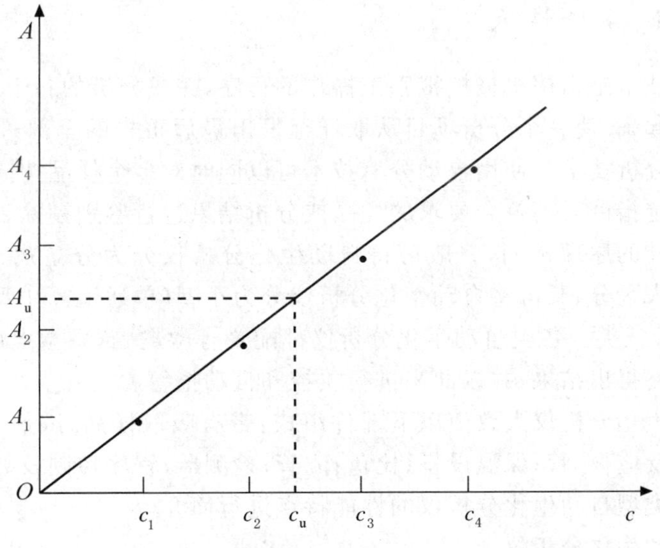

图 2-4　标准曲线(浓度-吸光度曲线)

标准曲线法，在实验条件比较恒定，样品数量多的测定中是十分方便准确的。但做好标准曲线十分重要，标准曲线上的每个点都应做3个平行测定，3个数值力求重叠或十分接近，绘制好的标准曲线仅供在同样条件下处理的被测定溶液使用。

三、使用分光光度计的注意事项

(一)要防震、防潮、防光和防腐蚀

分光光度计为贵重的精密仪器、要防震、防潮、防光和防腐蚀。

1. 防震　仪器应放在固定的平稳台上，不要随意搬动，旋转旋钮时，不可用力过猛，以防损坏机件。

2. 防潮　光电池受潮后，灵敏度下降，甚至失效。光电池附近应放置硅胶，仪器应放在干燥的地方，硅胶应经常更换。

3. 防光　光电池平时不应受光照射。使用时要防止强光照射，防止长时间的连续照射。

4. 防腐蚀　使用时要防止酸碱等物质侵入机件内部。盛装待测液时，达到比色杯3/4左右即可，不宜过多，以防溶液流出杯外。移动比色杯架拉杆时动作要轻柔，以防溶液溅出、腐蚀机件。

(二)比色杯的保护

不可用手、滤纸和毛刷等摩擦比色杯的光滑面，移动比色杯时，应手持比色杯的磨面。比色杯用完后立即先用自来水冲洗，再用蒸馏水洗净、晾干。每台分光光度计比色杯为本台专用，不可与其他分光光度计的比色杯互换。

(三)分光测定对波长的选择

测定波长对比色分析的灵敏度、准确度和选择性有很大的影响。选择波长的原则：要求“吸收最大，干扰最小”，因为吸光度越大，测定灵敏度越高，准确度也容易提高；干扰越小，则选择性越好，测定准确度越高。

四、自动生化分析技术

自动生化分析技术是指用机械模拟手工操作的程序，完成分析的各个步骤，并按照分析程序把这些步骤连接起来，使一个分析项目从取样至发出最后报告的全部过程能够按预先设定的指令自动完成的分析技术。使用自动分析技术可以同时对多个样品按同一方式或按多种方式处理。还可按一定指令对不符合要求的样品或分析结果进行鉴别剔除。

根据其机械设计的原理不同，一般可将自动生化分析仪分为分立式、管道式和离心式三类。从其分析功能来区分，又可将自动生化分析仪分为小型(单通道)、中型(2～6通道)、大型(8～12通道或更多)三类。各类自动生化分析仪都配置有微电脑，用微电脑来控制分析程序、进行数据处理并最终得出结果，并以此来进行质控和自动报警。

各种类型自动生化分析仪大致由以下部件组成：带有吸取样品/试剂及稀释/分别结构的样品器；混合装置；反应杯/管；保温设备；比色杯/管；检测器；程序控制及数据处理系统和打印机等。下面对各种类型自动生化分析仪的性能特点进行简介。

(一)分立式自动生化分析仪

一般生化分析方法：①取样；②加试剂；③保温；④除蛋白；⑤显色；⑥比色；⑦计算和记录结果等步骤。另外，还有编号、混合、清洗等辅助动作。

分立式自动生化分析仪是开敞式的，工作原理与手工操作相似。是以机械的动作，模拟手

工动作，连续完成上述步骤。

(二)管道流动式自动生化分析仪

管道流动式自动分析仪的特点是生化分析的全过程在管道系统中进行。样品、试剂分别被送入同一管道，混合、保温反应、去蛋白、比色等，都在这一管道内进行，整个试验在不断流动中完成。

流动管道式生化自动分析仪结构较简单，噪声小，分析结果的精密度也完全可以满足临床需要，而分析速度则远远超过手工操作。以 SMAC 12/60 型机为例，它可把 1 份样品同时做 12 个项目的分析，这几乎包括了生化检验的全部常规项目。它每小时可做 60 个样品的分析，也就是每小时可做 720 项次的分析，这至少相当于 5 个人 8 h 工作量。

(三)离心式自动分析仪

因分析全过程在离心条件下完成而得称。离心式分析仪的特点是：①加样至测定结果全部反应及测定过程都是在一个转动着的离心圆盘上完成。②分析需要的样品(最小 2 μL)和试剂用量很少(几十至 200 μL)。③反应快(一般都在几分钟内完成)。④连续比色，能在 1 s 内对全部样品进行多次比色，所以比色计灵敏度特别高。目前这类分析仪都配有电脑进行自动程序控制和数据处理。

第三节　电泳技术的原理及应用

电泳是指在电场的作用下，带电颗粒向着与其电性相反的电极移动的现象。许多生物分子都带有电荷，其所带电荷的多少取决于分子结构及所在介质的 pH 值和组成。在同一电场作用下，混合物中各组分的泳动方向和速率不同，经过一定的时间可达到组分分离的目的。

一、影响电泳迁移率的因素

当把一个带静电荷(Q)的颗粒放入电场时，颗粒便受一个推动力(F)的作用。F 的大小取决于颗粒所带的静电荷量和它所处的电场强度(E)的大小。在 F 的作用下，如果在真空状态下，带电颗粒迅速向电极移动。带电颗粒在单位电场中泳动的速度，常用迁移率(m)表示，则：

$$m=\frac{Q}{6\pi\cdot\lambda\cdot\eta}$$

式中：r——颗粒半径；

η——介质黏度；

Q——电泳离子的静电荷。

由上式可以看出，影响泳动速度的因素有颗粒的性质、电场强度和溶液的性质等。

(一)颗粒性质

主要指颗粒的带电量、直径及形状对泳动速度的影响。一般来讲，颗粒带静电荷量越多，直径越小，形状越接近球形，在电场中的泳动速度就越快。反之则越慢。

(二)电场强度

电场强度越高，带电颗粒的泳动速度越快，反之越慢。根据电场强度大小，可把电泳分为常压电泳或普通电泳(2～10 V/cm)和高压电泳(70～200 V/cm)。常压电泳一般用于分离蛋白质等大分子化合物，其所用时间较长。高压电泳多用于分离氨基酸、多肽、核苷酸、糖类等，所用的分离时间较短。

（三）溶液性质

主要指电极溶液和样品溶液的 pH 值、离子强度和黏度等。

1. pH 值　溶液 pH 值决定带电颗粒的解离程度，即决定颗粒所带电荷的静电荷量。对蛋白质和氨基酸而言，溶液的 pH 值离其等电点越远，其所带静电荷量就越大，则泳动速度就越快。反之越慢。因此，选择适宜的缓冲液 pH 值是很重要的。既要使被分离物质的电荷量差异较大，又不致使其变性，以利于各种成分的分离分析。

2. 离子强度　电泳时，溶液的离子强度一般在 0.02～0.2 之间较适宜。过高的离子强度，可降低颗粒的泳动速度。其原因是静电引力的作用使带电颗粒能把溶液中与其电荷相反的离子吸引在自己周围而形成离子扩散层，且扩散层与颗粒移动方向相反，从而导致颗粒泳动度降低；若离子强度过低，则不能对由于电泳过程引起的溶液 pH 值的变化起到有效的缓冲作用，也会影响到颗粒的泳动速度。

3. 溶液的黏度　前面提到泳动速度与溶液黏度成反比例关系。黏度大，泳动速度低。电泳时一般要求黏度较小的溶液。

（四）电渗

支持物表面一层溶液在电场作用下移动叫做电渗（图 2-5）。

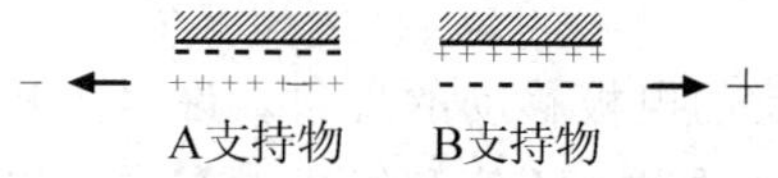

图 2-5　电渗示意图

一般的电泳支持物并不是绝对的惰性物质，而是会有一些离子基团。如果固体支持物本身带有负电荷，如羧基、磺酸基、羟基等，它们会吸附溶液中的正离子，使靠近支持物的溶液相对带正电荷，在电场中，这部分溶液会向负极移动，如果所分离的物质颗粒带正电荷，就会在这部分溶液带动下，向负极移动的速度加快。相反，如果物质颗粒带负电荷，这部分溶液将会阻滞物质颗粒向正极移动使颗粒的泳动速度降低。因此，应尽量避免使用具有电渗作用的物质作为支持物。

（五）焦耳热

在电泳过程中，释放出的热量与电流强度的平方成正比。当电场强度或电极缓冲液中离子强度增高时，电流强度会随之增大，产生的热量若不能及时排除，严重时会使纤维膜烧断，琼脂糖凝胶融化塌陷。同时也降低了分辨率，在某些情况下，就需要在低温条件下进行电泳。

（六）筛孔

在以琼脂或聚丙烯酰胺凝胶作为支持物时，它们可以有大小不等的筛孔，在筛孔大的凝胶中溶质颗粒泳动速度快。反之，泳动速度慢。因此，不同的样品物质，应选择与之相适应的凝胶筛孔。

此外，温度、仪器装置等其他因素也会影响到溶质颗粒的泳动速度。

二、几种常用的电泳法

电泳种类繁多，按其支持物的物理形状可分为四类：①纤维薄膜电泳，以玻璃纤维、醋酸纤维、聚氯乙烯纤维作为支持物；②凝胶电泳，以琼脂凝胶、聚丙烯酰胺凝胶、淀粉凝胶为支持物；③粉末电泳，以纤维素粉、淀粉、玻璃粉作为支持物；④线丝电泳，以尼龙丝、人造丝等作为支持物。

(一)聚丙烯酰胺凝胶电泳

聚丙烯酰胺凝胶电泳(PAGE),是以人工合成的聚丙烯酰胺凝胶作为支持物的一种电泳方法。聚丙烯酰胺(Polyacrylamide)凝胶是由单体丙烯酰胺和交联剂(双体)甲叉双丙烯酰胺,在催化剂作用下产生聚合反应而合成含有酰胺基链的脂肪长链,在相邻长链之间通过甲叉桥连接而成的三维网状结构物质。

丙烯酰胺(Acrylamide,Acr)结构式为:$CH_2{=}CH{-}\overset{\overset{\displaystyle O}{\|}}{C}{-}NH_2$

甲叉双丙烯酰胺(N,N-Methylene Bisacrylamide,Bis)结构式为:

$$CH_2{=}CH{-}\overset{\overset{\displaystyle O}{\|}}{C}{-}NH{-}CH_2{-}NH{-}\overset{\overset{\displaystyle O}{\|}}{C}{-}CH{=}CH_2$$

1. 丙烯酰胺的聚合　丙烯酰胺聚合时,常用的催化系统有化学聚合和光聚合两种。

(1)化学聚合:是以过硫酸铵[$(NH_4)_2S_2O_2$]作为催化剂,四甲基乙二胺(TEMED)作为加速剂。当Acr、Bis和TEMED的水溶液中加入过硫酸铵时,过硫酸铵立刻产生自由基($S_2O_8^{2-}\rightarrow 2SO_4^{2-}$),单体与自由基作用随即"活化"。活化的单体彼此连接形成多聚体长链。

化学聚合的优点是孔径较小,而且重复性和透明度好。但由于催化剂是过硫酸铵强氧化剂,若在凝胶中有残余,则会影响到蛋白质、酶分子的活性,甚至使之失活。

(2)光聚合:光聚合过程是一个光激发的催化反应过程。催化剂是核黄素,在氧及紫外线作用下,核黄素生成含自由基的产物,其作用同上述的过硫酸铵一样。通常把反应混合液置于一般日光灯旁,反应即可发生。用核黄素催化时,可以不加TEMED,但加上会使聚合速度加快。

光聚合形成的凝胶呈乳白色,透明度较差。用核黄素催化剂的优点是用量极少,对分析样品无任何不良影响,聚合时间可以通过改变光照时间和强度来加以控制。

2. 凝胶孔径的形成　不同的样品物质在进行电泳时,需要选择与之相应的凝胶网孔、聚丙烯酰胺凝胶可以通过调节单体与交联剂的比例,来调节其网孔大小。凝胶网孔孔径大小取决于凝胶浓度(T)和交联度(C)。

$$T=\frac{a+b}{v}\times 100\%$$

$$C=\frac{b}{a+b}\times 100\%$$

式中:a、b——分别是单体和双体的重量,g;

v——溶液的体积,mL。

通常随着凝胶浓度的增加,凝胶的筛孔、透明度和弹性将会降低,机械强度却增加,a与b的比值(W/W)也会对这些性质产生明显影响。

总之,凝胶浓度不同,其交联度是不同的。交联度随着总浓度(T)的增加而降低。当总浓度一定,交联度增加时,将导致筛孔直径降低。实践中根据分离物质的相对分子质量来选择适宜的凝胶浓度,可参考表2-1提供的资料。

表 2-1 分子范围与凝胶浓度关系参考表

样品	相对分子质量范围	适宜的凝胶浓度(%)
核酸(RNA)	$<10^4$	15～25
	$10^4\sim10^5$	5～10
	$1\times10^5\sim2\times10^6$	2～2.6
蛋白质	$<10^4$	20～30
	$1\times10^4\sim4\times10^4$	15～20
	$4\times10^4\sim1\times10^5$	10～15
	$1\times10^5\sim5\times10^5$	5～10
	$>5\times10^5$	2～5

3. 分离效应　以不连续的聚丙烯酰胺凝胶电泳为例说明。不连续凝胶系统的不连续性表现在以下几方面:①凝胶由上下两层组成。两层凝胶的孔径不同,上层为大孔径的浓缩胶,下层为小孔径的分离胶。②缓冲液离子组成及各层胶的 pH 值不同。一般采用碱性系统,电极缓冲液为 pH 8.3 的 Tris-甘氨酸缓冲液,浓缩胶为 pH 6.7 的 Tris-HCl 缓冲液,而分离胶为 pH 8.9 的 Tris-HCl 缓冲液(图 2-6)。③在电场中形成不连续的电位梯度。在这样一个不连续的系统里,存在 3 种物理效应,即电荷效应、浓缩效应(发生在浓缩胶中)和分子筛效应(发生于分离胶中)。因此它具有比纤维薄膜电泳高得多的分辨率。

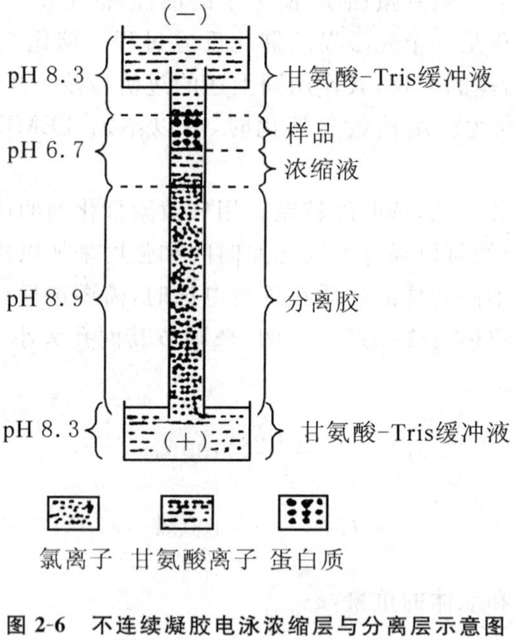

图 2-6 不连续凝胶电泳浓缩层与分离层示意图

(1)浓缩效应:当浓缩胶 pH 值为 6.7,分离胶为 8.9 的 Tris-HCl 缓冲液,电极缓冲液为 pH 8.3Tris-甘氨酸缓冲液时,在电泳的一开头,盐酸几乎全部解离释放出氯离子(Cl^-),而甘氨酸的等电点是 6.0,它在浓缩胶中只有 1%～0.1%解离释放出的甘氨酸根离子($NH_3—CH_2—COO^-$),而样品中的酸性蛋白质一般在浓缩胶中解离为带负电荷的离子。这

3 种离子带有相同类型的电荷，并同时向正极移动，它们的有效泳动率(泳动率×解离度)：$M_{\alpha Cl^-} > M_{\alpha 蛋} > M_{\alpha 甘}$。由此，把运动最快的 Cl^- 叫做快离子(前导离子)，把最慢的 $NH_2CH_2COO^-$ 叫做慢离子(尾随离子)，蛋白质居中。

电泳开始，由于两种胶都有快离子，在电场中高速移动，很快超过蛋白质和慢离子，并在快离子后面形成一个离子浓度较低的电导区。于是在低电导区产生了较高的电场强度，蛋白质与慢离子在此区域中便加速移动，当电场强度和迁移率的乘积彼此相等时，3 种离子的移动速度相等($v = ME$)，致使在高、低电场强度区之间形成了一个迅速移动的界面(图 2-7)。

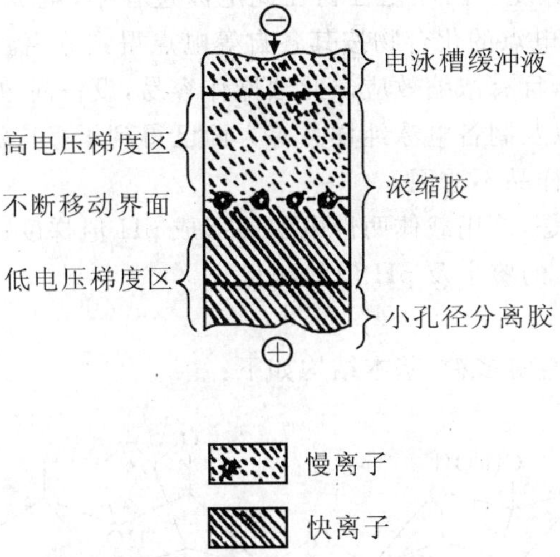

图 2-7　不连续聚丙烯酰胺凝胶电泳浓缩示意图

由于蛋白质的有效迁移速率介于快离子和慢离子之间，而使其聚集在这个移动界面附近，被浓缩成一个狭小的中间层。一般样品可浓缩 300 多倍。浓缩的程度与氯离子浓度成正比，与样品本身浓度无关。

(2)电荷效应：蛋白质混合物在界面处被高度浓缩、堆积成层，并形成一狭窄的高浓度蛋白区。但由于各蛋白质组分所载的静电荷量不同，因而泳动速率也不同。经分离胶电泳后，即使其相对分子质量相等，也会按电荷的顺序被分离开来。

(3)分子筛效应：当夹在快离子和慢离子中间的蛋白质由浓缩胶进入分离胶时，pH 值和凝胶孔径突然改变，此时实际测量 pH 为 9.5，与甘氨酸的 pH 9.7～9.8 接近。这就使慢离子的解离程度增大，有效泳动率相应增大，超过了所有的蛋白质分子，最终赶在了蛋白质分子的前面，同时高电场强度消失。于是，蛋白质样品就在均一的电场强度和 pH 值条件下通过了一定孔径的分离胶。当蛋白质的相对分子质量或构型不同时，通过分离胶所受到的摩擦力和阻滞程度不同，所表现出的泳动率也不同，即使蛋白质分子的静电荷相似，也会在分离胶中被分离开，这就是所谓的分子筛效应。

4. *主要特点*　聚丙烯酰胺凝胶电泳具有以下主要特点：

(1)聚丙烯酰胺凝胶是人工合成的多聚体。调节其单体和交联剂的比例，就能得到不同孔径的凝胶物质，且重复性好。因此，具有广泛的适应性。

(2)具有耐处理性，其机械强度大，弹性好，不易损坏。

(3)其骨架是由—C—C—C—C……连接而成，侧链不带电，无电渗作用。

(4)具有设备简单，用样量少(1～100 μg)、分辨率好的优点。

目前，此法已成为分离蛋白质和核酸等大分子物质的重要工具之一，也是动物科学、医学方面进行遗传育种学、微生物学、传染病学、病理学、寄生虫学等方面研究的重要手段之一。

(二)等电聚焦电泳

等电聚焦简称电聚焦(Isoelectrofocusing,IEF)是在一定抗对流介质(如凝胶)中加入两性电解质载体，当直流电通过时，便形成一个由阳极到阴极 pH 值逐步上升的梯度。这种梯度称为载体两性电解质 pH 值梯度。两性化合物在此电泳过程中，就被浓集在与其等电点相等的 pH 值区域，从而使不同等电点的化合物按其各自等电点得到分离。

等电聚焦的分辨率高，且有浓缩效应。此法操作容易，设备简单，花时间少，所以在蛋白质的等电点测定、纯度分析以及制备电泳纯样品等方面已得到了极广泛的应用。但是，它对在等电点时发生沉淀或变性的样品不适用。

等电聚焦的关键问题是：①用载体两性电解质形成 pH 值梯度；②稳定集中分离了的蛋白质区带；③分离了的蛋白质的鉴定及 pH 值的测量。

(三)琼脂糖凝胶电泳

琼脂糖是一种天然的直链多糖，基本结构如下：

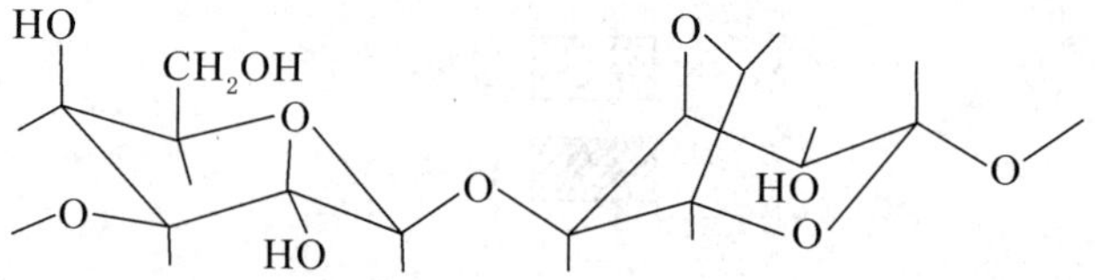

可以根据需要制成不同浓度的琼脂糖凝胶，用以分离各种生物物质，如核酸、蛋白质、同工酶、脂蛋白等大分子的物质。

现在以分离核酸为例，不同浓度琼脂糖凝胶，可以分离 DNA 片段大小的范围参数如表 2-2 所示：

表 2-2 不同浓度琼脂糖凝胶与 DNA 片段大小的范围

琼脂糖浓度(%)	长链 DNA 分子有效分离范围(kb)	琼脂糖浓度(%)	长链 DNA 分子有效分离范围(kb)
0.3	60～5	1.2	6～0.4
0.6	20～1	1.5	4～0.2
0.7	10～0.8	2.0	3～0.1
0.9	7～0.65		

琼脂糖凝胶电泳，方法简单，快速，易操作，在核酸研究中得到了广泛的应用。核酸琼脂糖凝胶电泳结果的检测方法有溴化乙锭染色、银染色及同位素放射显影法等。其中溴化乙锭染色法较为普遍。

(四)双向凝胶电泳

双向电泳是把两种不同的电泳分离程序结合在一起的技术。与任一单向电泳相比，它能获得更多的有关蛋白质混合物的信息。通常以柱状等电聚焦作为第一向电泳，而以板状 SDS-聚丙烯酰胺凝胶电泳作为第二向电泳。

在一个复杂的混合样品中，若其中某些物质的等电点或相对分子质量相似，或等电点和相对分子质量有互补作用时，用单向凝胶电泳就不能将所含组分全部分开。所以常常要把第一向电泳胶条转至另一种凝胶介质（pH 值和浓度与一向电泳胶不同）上进行第二向电泳，才能使混合样品得到有效分离。例如，先按照蛋白质的等电点的不同进行分离，然后又按照蛋白质相对分子质量的不同进行分离。由于蛋白质的相对分子质量和等电点之间没有什么必然的联系，因此，在两个方向上利用这些参数就可能获得很高的分辨力。是目前灵敏度最高的方法。

其基本操作流程是：①第一向等电聚焦电泳；②第二向变性聚丙烯酰胺凝胶电泳；③凝胶显色。

（五）毛细管电泳

毛细管电泳是 20 世纪 80 年代初由 Joenson 和 Lukacs 提出的。此电泳与常规凝胶电泳相比，它具有测试速度快（每次仅需 0.5 h）、进样量少（pL～nL）、应用范围广（可用于蛋白质、多肽、核酸、寡核苷酸、碱基、多糖、维生素和多酚类等生物物质的分离检测）和自动化程度高等优点。近年来，该电泳方法在生物科学研究领域起的作用已越来越大。

毛细管电泳法是利用在高电场强度作用下，毛细管（内径 50～10 μm）中的待测物质，可按其相对分子质量、电荷、浓度等因子的差异得到有效的分离。在进行毛细管电泳过程中，电渗流（EOF）对物质的有效分离起着重要作用。EOF 是一种流体（层）迁移现象，它的产生与毛细管内壁和溶液界面之间形成的双电层（图 2-8）有关。因毛细管是由石英硅制成，在 pH>7.5 溶液中，其内壁表面硅羟基（—Si—OH）会电离成 SiO—，故致使与内壁接触之溶液带正电荷，形成双电层。带正电荷溶液层，在外加电场驱动下，可向负极迁移，从而改变了毛细管内各种离子（包括分离物）的迁移率或迁移方向，最终完成正、负离子间的互相分离。实践中通过调整电场强度、缓冲液（如组成成分、浓度、pH 值、表面活性剂和有机溶液等）、毛细管内壁涂层及柱温等因子，即可达到改变电渗流大小和方向，进而实现提高电泳分辨率和选择性的目的。

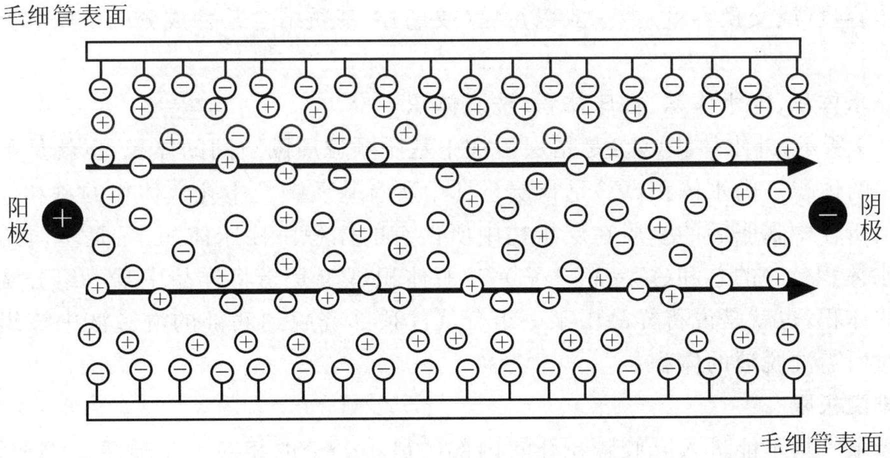

图 2-8　电渗流（EOF）示意图

第四节　层析技术的原理及应用

层析技术(Chromatography techniques)又称色谱技术,是一种基于被分离物质的物理、化学及生物学特性(主要指吸附能力、溶解度、分子大小、分子带电性质及大小、分子亲和力等)的差异,使它们在某种基质中移动速度不同而将它们进行分离的技术。层析技术的最大特点是分离效果好,它能分离各种性质极相类似的物质;并且既可用于少量物质的分析鉴定,又可用于大量物质的分离纯化制备。因此,作为一种重要的分析分离手段与方法,层析技术被广泛地应用于科学研究与工业生产上。

一、层析技术的常用术语

(一)固定相

固定相是由层析基质组成的。其基质包括固体物质(如吸附剂、凝胶、离子交换剂等)和液体物质(如固定在纤维素或硅胶上的溶液),这些物质能与待分离的化合物发生可逆性的吸附、溶解和交换作用等。

(二)流动相

在层析过程中,推动固定相上待分离的物质朝着一个方向移动的液体、气体或超临界体等都称为流动相。在柱层析时,流动相又称洗脱剂;在纸层析与薄层层析时,流动相又称展层剂。

(三)层析

待分离的物质在固定相与流动相这两个相中连续多次地进行分配、吸附或交换作用等,最终使混合物得以分离的过程称为层析。

(四)操作容量(交换容量)

在一定条件下,某种组分与基质(固定相)反应达到平衡时,存在于基质上的饱和容量,我们称为操作容量(或交换容量)。一般以每克(或毫升)基质结合某种成分的毫摩尔数或毫克数来表示。

(五)外水体积、内水体积、柱床体积、洗脱体积

如图 2-9 所示,外水体积(V_o)是指层析柱中基质颗粒周围空间的体积,也就是基质颗粒间液体流动相的体积。内水体积(V_i)是指层析柱中所有基质颗粒中孔穴体积的总和。柱床体积(V_t)是指层析柱中膨胀后的基质在层析柱中所占有的体积。柱床体积 V_t 是基质的外水体积(V_o)和内水体积(V_i)的总和($V_t=V_o+V_i$),洗脱体积(V_e)是指将样品中某一组分洗脱下来所需洗脱液的体积,也就是说将样品中某一组分从柱顶部洗脱到底部的洗脱液中该组分浓度达到最大值时所需洗脱液的体积。

(六)排阻极限

排阻极限是指不能进入凝胶颗粒孔穴内部的最小分子的相对分子质量。例如,Sephadex G-50 的排阻极限为 30 000,它表示相对分子质量大于 30 000 的分子都将直接从凝胶颗粒与凝胶颗粒之间的空隙被洗脱出来。

(七)膨胀度

在一定溶液中,单位重量的基质充分溶胀后所占有的体积称为膨胀度,即 1 g 基质溶胀后

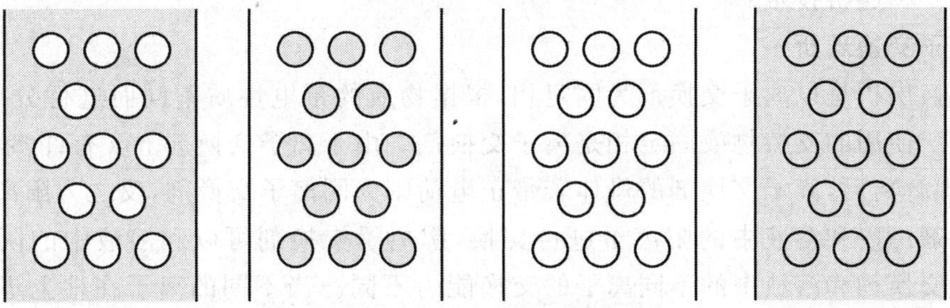

图 2-9 层析柱中各种体积示意图(阴影部分)
(引自余冰宾.生物化学实验指导)

所具有的柱床体积。一般亲水性基质的膨胀度比疏水性的大。

(八)分配系数和迁移率

分配系数是指在一定的条件下,某种组分在固定相和流动相中含量(浓度)的比值,常用 K 来表示迁移率(或比移值)是指在一定条件下,在相同的时间内,某一组分在固定相移动的距离与流动相本身移动距离之比值,常用 R_f 表示($R_f \leqslant 1$)。

二、层析技术的分类

层析技术的种类很多,可按不同的方法分类。

(一)根据固定相的形式分类

层析可以分为纸层析、薄层层析和柱层析。纸层析是指以滤纸作为基质的层析。薄层层析是将基质在玻璃或塑料等光滑表面铺成一薄层,在薄层上进行层析。柱层析则是指将基质填装在管中形成柱形,在柱中进行层析。纸层析和薄层层析主要适用于小分子物质的快速检测分析和少量分离制备,通常为一次性使用,而柱层析是常用的层析形式,适用于样品分析、分离。生物化学中常用的凝胶层析、离子交换层析、亲和层析、高效液相色谱等都通常采用柱层析形式。

(二)根据流动相的形式分类

层析可以分为液相层析和气相层析。气相层析是指流动相为气体的层析,而液相层析指流动相为液体的层析。气相层析测定样品时需要气化,大大限制了其在生化领域的应用,主要用于氨基酸、核苷酸、糖类、脂肪酸等小分子的分析鉴定。而液相层析是生物科学领域最常用的层析形式,适于生物样品的分析、分离。

三、常用的层析方法

(一)吸附层析

吸附层析是以吸附剂为固定相,根据待分离物与吸附剂之间吸附力不同而达到分离目的的一种层析技术。

(二)分配层析

分配层析是根据在一个有两相同时存在的溶剂系统中,不同物质的分配系数不同而达到分离目的的一种层析技术。

(三)离子交换层析

离子交换层析是以离子交换剂为固定相,根据物质的带电性质不同而进行分离的一种层析技术。它所使用的支持物或固定相是离子交换剂。由于离子交换剂上含有许多可解离的基团,这些基团解离后,离子交换剂的母体若带正电荷则为阴离子交换剂,反之为阳离子交换剂。阳离子交换剂可以和溶液中的阳离子进行交换,阴离子交换剂可以和溶液中的阴离子交换。同一种离子交换剂和溶液中的不同离子的交换能力不同。当不同的离子在柱上进行洗脱时,被洗脱出来的先后顺序不同,从而达到分离的目的。

(四)凝胶层析

凝胶层析是一种根据物质的相对分子质量大小不同而进行分离的方法。它是采用具有一定孔径大小、并且为网状结构的凝胶颗粒作为支持物的层析,相对分子质量大小不同的物质随着洗脱剂流过柱床时,相对分子质量小的物质易于渗入凝胶颗粒内部,而形成流程长的状况,因而比相对分子质量大的物质迟流出层析柱,从而使相对分子质量大小不同的物质得到分离。

(五)亲和层析

亲和层析是一种根据生物分子和配体之间的特异性亲和力(如酶和抑制剂、抗体和抗原、激素和受体等),将某种配体连接在载体上作为固定相,从而对能与配体特异性结合的生物分子进行分离的层析技术。亲和层析具有很高的分辨率,是目前分离生物分子最为有效的技术之一。

四、柱层析的基本装置

柱层析是一种将固定相装填于柱中而进行层析的方法。它是目前最常用的一种层析类型。下面就柱层析的基本装置及基本操作做一简述。

柱层析的基本装置有层析柱、恒流装置、检测装置与接收装置等。

1. *层析柱* 层析柱一般为玻璃管制成,其下端为细口,出口处带有玻璃烧结板或尼龙网。柱的直径和长度之比一般为 1∶(10～50)。

2. *恒流装置* 常用的恒流装置是恒流泵,它可以产生均一的流速,并且流速是可调的。

3. *检测装置* 较高级的柱层析装置一般都配置检测器(常见的检测器为核酸蛋白检测仪)和记录仪。

4. *接收装置* 洗脱液的接收可以手工用试管一管一管接,不过最好使用部分收集器,这种仪器带有上百支试管,可准确定时换管,自动化程度很高。

柱层析的基本装置示意图如图 2-10 所示。

五、柱层析的基本操作

柱层析的操作过程包括以下一些步骤:

(一)基质的预处理

有些层析方法所用的基质不能直接使用,需要进行预处理。预处理方法因基质而异,例如,离子交换剂需漂洗、酸碱反复浸泡等,凝胶则需预先溶胀等,各种基质的预处理方法有所不同。

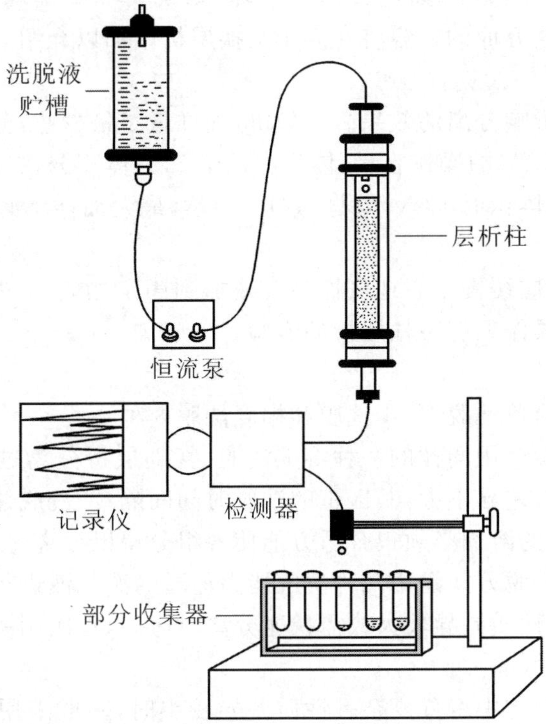

图 2-10　柱层析的基本装置示意图

（引自余冰宾. 生物化学实验指导）

（二）装柱

首先要选好柱子。柱子的选择是根据层析的基质和分离的目的而定的，一般柱子的直径与长度比为 1∶(10～50)，凝胶层析柱可以选 1∶(100～200)，注意一定将柱子洗涤干净再装柱。

将层析用的基质（如吸附剂、树脂、凝胶等）在适当的溶剂或缓冲液中溶胀，并用适当浓度的酸(0.5～1 mol/L)、碱 (0.5～1 mol/L)、盐(0.5～1 mol/L)溶液洗涤处理，以除去其表面可能吸附的杂质。然后用去离子水（或蒸馏水）洗涤干净并真空抽气，以除去其内部的气泡。

关闭层析柱出水口，并装入 1/3 柱高的缓冲液，并将处理好的吸附剂等基质缓慢地倒入柱中，使其沉降约 3 cm 高。打开出水口，控制适当流速，使吸附剂等基质均匀沉降，并不断加入吸附剂等基质溶液，最后使柱中基质表面平坦并在表面上留有 2～3 cm 高的缓冲液，同时关闭出水口。这里要特别提示不能干柱、分层，并且在柱中不能有气泡，否则必须重新装柱。

柱子装的质量好与差，是柱层析法能否成功分离纯化物质的关键步骤之一。一般要求柱子装的要均匀，不能分层，柱子中不能有气泡等。否则要重新装柱。

（三）平衡

柱子装好后，要用所需的缓冲液（有一定的 pH 值和离子强度）平衡柱子。即用恒流泵在恒定压力、恒定的流速下过柱子（平衡与洗脱时的流速尽可能保持相同），平衡液体积一般为 3～5 倍柱床体积，以保证平衡后柱床体积稳定及基质充分平衡。如果需要，如凝胶层析可用蓝色葡聚糖-2000在恒压下过柱，如色带均匀下降，则说明柱子是均匀的。有时柱子平衡好后，还要进行转型处理，这方面的内容将在离子交换层析中加以介绍。

(四)加样

加样量的多少直接影响分离的效果。一般讲，加样量尽量少些，分离效果比较好。通常加样量应少于20%(体积分数)的操作容量，体积应低于5%(体积分数)的柱床体积，对于分析性柱层析，一般不超过柱床体积的1%(体积分数)。当然，最大加样量必须在具体实验条件下经多次试验后才能决定。

应注意的是，加样时应缓慢小心地将样品溶液加到固定相表面，尽量避免冲击基质，以保持基质表面平坦。详细操作见有关柱层析的实验。

(五)洗脱

洗脱的方式可分为简单洗脱、分步洗脱和梯度洗脱3种。

1. 简单洗脱　柱子始终用同样的一种溶剂洗脱，直到层析分离过程结束为止。如果被分离物质对固定相的亲和力差异不大，其区带的洗脱时间间隔(或洗脱体积间隔)也不长，采用这种方法是适宜的，但选择的溶剂必须很合适方能使各组分得以分离。

2. 分步洗脱　这种洗脱方式是用几种洗脱能力递增的洗脱液进行逐级洗脱。它主要针对混合物组成简单、各组分性质差异较大或需快速分离时适用，每次用一种洗脱液将其中一种组分快速洗脱下来。

3. 梯度洗脱　当混合物中组分复杂且性质差异较小时，一般采用梯度洗脱。它的洗脱能力是逐步连续增加的，梯度可以是浓度梯度、极性梯度、离子强度梯度或pH值梯度等。

洗脱条件的选择，也是影响层析效果的重要因素。当对所分离的混合物的性质了解较少时，一般先采用线性梯度洗脱的方式去尝试，但梯度的斜率要小一些，尽管洗脱时间较长，但对性质相近的组分分离更为有利。与此同时，也应注意洗脱时的速率。速率太快，各组分在固定相与流动相两相中平衡时间短，相互分不开，仍以混合组分流出；速率太慢，将增大物质的扩散，同样达不到理想的分离效果，要通过多次试验才能摸索出一个合适的流速。总之，我们必须经过反复的试验与调整，才能得到最佳的洗脱条件。另外还应特别注意在整个洗脱过程中千万不能干柱，否则分离纯化将会前功尽弃。

(六)收集、鉴定及保存

在柱层析实验中，我们一般是采用部分收集器来收集分离纯化的样品。由于检测系统的分辨率有限，洗脱峰不一定能代表一个纯净的组分。因此，每管的收集量不能太多，一般1～5 mL/管，如果分离的物质性质很相近，可降低至0.5 mL/管，这要视具体情况而定。在合并一个峰的各管溶液之前，还要进行鉴定。例如，对于一个蛋白峰的各管溶液，我们可先用电泳法对各管进行鉴定，对于是单条带的，认为已达电泳纯，就合并在一起，否则就另行处理。对于不同种类的物质要采用不同的相对应的鉴定方法。最后，为了保持所得产品的稳定性与生物活性，我们一般采用透析除盐、超滤或减压薄膜浓缩等，再冷冻干燥，得到干粉，在低温下保存备用。

(七)基质(吸附剂、离子交换剂或凝胶等)的再生

许多基质可以反复使用多次，而且价格昂贵，所以层析后要回收处理，以备再用，严禁乱倒乱扔。这也是一个科研工作者的科学作风问题。各种基质的再生方法可参阅具体层析实验及有关文献。

第五节 DNA 重组技术

一、多聚酶链式反应(Polymerase Chain Reaction,PCR)的基本过程

多聚酶链式反应是 20 世纪 80 年代末发展起来的一种选择性体外快速扩增 DNA 的方法,已成为 DNA 重组技术中获得目的基因片段的主要手段。

(一)标准的 PCR 反应体系

1. 引物 两条寡核苷酸短链,与目的序列的两端互补,决定 PCR 反应产物的特异性;

2. 底物 4 种三磷酸脱氧核苷酸(dNTP);

3. Mg^{2+} 影响聚合酶的活性和真实性、产物的特异性等;

4. 模板 模板(靶基因)核酸的质量与浓度影响 PCR 效率和产物的特异性;

5. 耐热聚合酶 与扩增的真实性相关;

6. 反应缓冲液 KCl 有利于引物的退火,二硫苏糖醇(DTT)或牛血清蛋白(BSA)可稳定酶活性。

(二)PCR 反应的基本步骤

1. 模板变性 加热可使模板 DNA 解离形成单链,变性温度一般在 94℃。变性时间取决于 DNA 序列复杂性、反应管的几何学、热循环仪的种类和反应液的体积。对于 G+C 含量高的 DNA 序列,额外加入甘油、延长变性时间、加入核苷酸类似物都能提高 PCR 产量。

2. 引物退火 当温度降低时,能使寡核苷酸引物与单链靶序列互补结合。退火温度取决于引物与靶序列的同源程度和寡核苷酸的碱基组成,一般在 37~65℃的较大范围内。当所加入的引物浓度显著大于靶序列,而引物长度短于靶序列时,其配对速度比靶序列重新缔合成双链的速度快几个数量级。

3. 延伸(extension) 在聚合酶合成 DNA 的最适温度下,以目的 DNA 为模板进行合成与模板碱基序列完全互补的 DNA 链。

每个循环产物都可作为下一步循环的模板,一般通过 30~40 个循环后,模板上介于引物之间的特异性 DNA 片段得到了大量复制。

在 PCR 反应过程中,温度与时间的正确设置对反应是否成功至关重要。变性温度低,解链不完全是导致 PCR 失败的最主要原因。温度过高,对酶的活性有影响。此步若不能使模板完全变性,就会导致 PCR 失败。退火温度是影响 PCR 特异性的较重要因素,T_m 值(解链温度)=4(G+C)%+2(A+T)%;退火时间一般为 1~1.5 min。延伸温度一般为 72℃,延伸时间则与待扩增片段的长短有关,一般 1 kb 以内的片段延长时间设为 1 min,如扩增片段较长则可适当延长时间。循环次数主要取决于模板 DNA 的浓度,决定了 PCR 扩增程度。

(三)PCR 产物的鉴定

PCR 产物是否为特异性扩增,其结果是否准确可靠,必须对其进行严格的分析与鉴定,才能得出正确的结论。PCR 产物的分析,可依据研究对象和目的不同而采用不同的分析方法。

1. 凝胶电泳分析 PCR 产物电泳,EB 溴乙锭染色紫外仪下观察,初步判断产物的特异性。PCR 产物片段的大小应与预计的一致。通常应用 1%~2% 的琼脂糖凝胶或 6%~10% 聚丙烯酰胺凝胶进行电泳检测分析。

2. *酶切分析* 根据PCR产物中限制性内切酶的位点，用相应的酶切、电泳分离后，获得符合理论的片段，此法既能进行产物的鉴定，又能对靶基因分型，还能进行变异性研究。

3. *分子杂交* 分子杂交是检测PCR产物特异性的有力证据，也是检测PCR产物碱基突变的有效方法。常用的是Southern印迹杂交和斑点杂交。前者是在两引物之间另合成一条寡核苷酸链（内部寡核苷酸）标记后做探针，与PCR产物杂交。此法既可作特异性鉴定，又可以提高检测PCR产物的灵敏度，还可知其相对分子质量及条带形状。斑点杂交是将PCR产物点在硝酸纤维素膜或尼龙薄膜上，再用内部寡核苷酸探针杂交，观察有无着色斑点，主要用于PCR产物特异性鉴定及变异分析。

4. *核酸序列分析* 这是检测PCR产物特异性的最可靠方法。

目前没有一种方法能够直接扩增RNA，只能借助反转录PCR（RT-PCR）来间接扩增RNA分子得到一段特异序列。在RT-PCR中，RNA首先被逆转录为cDNA。用位于一段特异序列或一个基因两侧的引物生成以cDNA为模板的PCR产物，成为一个标准的PCR反应。得到阳性产物说明存在着特异的RNA序列。

二、DNA重组技术（Recombinant DNA Technology）

简单地说，基因重组是指不同来源的DNA在细胞内重新进行组合，并能进行复制、转录、翻译的过程。即运用多种限制性内切酶和DNA连接酶等，把DNA作为组件，在细胞外将一种外源基因DNA（来自原核或真核生物）和载体重新组合连接（重组），形成杂交DNA。最后将杂交DNA转入宿主生物（如大肠杆菌），使外源基因DNA在宿主生物细胞中，随着生物细胞的繁殖而增殖，或最后得到表达。最终获得基因表达产物或改变生物原有的遗传性状。DNA重组技术的实质是分离、放大和修饰特异DNA序列，也称为分子克隆（Molecular Cloning）或基因克隆（Gene Cloning）。

第一例DNA重组实验是S. N. Cohen在20世纪70年代初完成的。他将一种细菌抗四环素的质粒DNA与另一种细菌抗卡那霉素的质粒DNA进行体外重组，杂交DNA再转入大肠杆菌，结果细菌表达出了双亲DNA的遗传信息，即同时抗四环素和抗卡那霉素，说明外源基因得到了表达。现在人、猪、牛等生物的生长激素、胰岛素、干扰素等许多具有生物学功能的蛋白质，已经通过DNA重组技术由细菌等生物来生产满足医学和生产实践的需要。

三、DNA重组技术的基本步骤

在实验室进行的DNA重组技术，主要包括以下5个基本步骤：可以把基因工程简单概括为分、切、接、转、筛5个字，现对其进行扼要介绍。

（一）分——目的片段的分离

可以利用各种常规的方法从组织或细胞中分离DNA，或者是通过人工合成方法合成。

（二）切——在特定位点切割DNA

用同一种限制性内切酶切割外源DNA和质粒载体。

（三）接——目的基因与载体的拼接

利用连接酶将从外源DNA获得的靶DNA与经同一种酶切割的质粒载体连接，构建成一个含有靶DNA的重组DNA分子，也称为重组质粒。

(四)转——将重组质粒导入合适的宿主细胞

为了使重组DNA分子增殖，必须将它导入合适的宿主菌，通过细菌的繁殖，才能获得重组质粒的克隆。外源DNA分子导入宿主细胞时，如果是直接导入称为转化；如果是利用一个病毒作为运载工具导入称为转染(transfection)。

转化的效率一般都比较低，只有少量的宿主细胞吸纳了重组质粒。由于通常载体都含有抗生素抗性基因，例如，插入到质粒中的氨卞青霉素抗性基因Ampr，经在含有氨卞青霉素培养基上培养，含有重组质粒或含有原来质粒(质粒自环化)的宿主菌大量繁殖，使得插入的DNA被大量复制。在有些情况下目的基因可以在宿主细胞内表达。有效克隆和表达DNA的能力取决于选择的载体和宿主。

(五)筛——筛选和鉴别含有重组DNA的宿主细胞

从转化菌中筛选含有重组DNA的菌落并鉴定重组子的正确性。通常载体都含有有助于鉴别含有重组质粒细胞的遗传标记，有的载体含有特异的DNA序列。筛选和鉴别转化的或转染的细胞一般都涉及到遗传选择和使用探针进行的核酸杂交。如果是表达载体还要进行连接方向和表达产物的鉴定。

第三章 酶学实验内容

实验一 唾液淀粉酶活性观察

【实验目的】

1. 了解环境因素对酶活性的影响及酶的高效性。

2. 掌握酶定性分析的方法和注意事项。

【基本原理】

酶是生物催化剂，具有极高的催化效率，其催化效率比一般催化剂高 $10^6 \sim 10^{13}$。在生物体内，过氧化氢酶能催化过氧化氢（H_2O_2）很快地分解成 H_2O 和 O_2，使 H_2O_2 不致在体内大量积累。铁粉也是过氧化氢分解反应的催化剂，但其催化效率仅为过氧化氢酶的 100 亿分之一。

酶的催化作用受温度的影响。在一定温度范围内，随着温度的升高，酶促反应速度增加，直至达到最大值。由于酶是一种蛋白质，温度过高会导致酶失活，因此，反应速度达到最大值以后，温度继续升高，酶促反应速度反而急剧下降，直至完全停止酶促反应。反应速度达到最大值时的温度称为酶作用的最适温度。

酶活性受环境 pH 值的影响。通常各种酶只有在一定的 pH 值范围才表现出活力。酶活性达到最高时的 pH 值，称为该酶的最适 pH 值。低于或高于最适 pH 值时，酶的活性均降低或失去酶活性。唾液淀粉酶的最适 pH 值为 6.8。

酶活性常受某些物质的影响，有些物质能使酶的活性增加，称为激活剂；有些物质能使酶活性降低，称为抑制剂。值得注意的是，激活剂和抑制剂不是绝对的，有些物质在低浓度时为某种酶的激活剂，而在高浓度时则为该酶的抑制剂。例如，0.9%的氯化钠是唾液淀粉酶的激活剂，但氯化钠达到 1/3 饱和度时就可抑制唾液淀粉酶的活力。

本实验以唾液淀粉酶为材料来观察环境因素对酶活性的影响情况。唾液中含有 α-淀粉酶，该酶属于内切酶。淀粉在该酶的催化作用下会随着时间的延长而出现不同程度的水解产物，从而得到各种糊精乃至麦芽糖、少量葡萄糖等产物。

而碘液能指示淀粉的水解程度，淀粉及淀粉不同程度的水解产物遇碘可呈蓝色、紫色、暗褐色与红色，而麦芽糖与葡萄糖遇碘则不呈颜色反应。如图所示：

淀粉 $\xrightarrow{\text{淀粉酶}}$ 紫色糊精 $\longrightarrow$ 暗褐色糊精 $\xrightarrow{\text{淀粉酶}}$ 红色糊精 $\xrightarrow{\text{淀粉酶}}$ 麦芽糖＋少量葡萄糖

加碘后：蓝色　　紫红色　　暗褐色　　红棕色　　黄色（碘本身颜色）

【试剂与器材】

（1）0.5%淀粉溶液：称取 0.5 g 可溶性淀粉，加少量蒸馏水调成糊状，然后缓慢倒入沸腾的 60 mL 蒸馏水中，搅动煮沸 1 min。冷至室温后加水至 100 mL，置冰箱存放。

（2）碘液：称取 2 g KI 溶于 5 mL 蒸馏水中，随后加 1.2 g 碘，待碘溶解后，加蒸馏水至 200 mL，混合均匀后保存于棕色瓶中，用前稀释 5 倍。

(3)不同 pH 值溶液：

A 液——0.2 mol/L Na_2HPO_4 溶液：称取 35.62 g $Na_2HPO_4 \cdot 12H_2O$，溶于蒸馏水后定容至 1 000 mL。

B 液——0.1 mol/L 柠檬酸溶液：称取 21.01 g 一水柠檬酸，溶于蒸馏水后定容至1 000 mL。

①pH 3.8 缓冲液——取 A 液 71.0 mL、B 液 129.00 mL 混合而成。

②pH 6.8 缓冲液——取 A 液 145.5 mL、B 液 54.5 mL 混合而成。

③pH 8.0 缓冲液——取 A 液 194.5 mL、B 液 5.5 mL 混合而成。

(4)1%(*W*/*V*)$CuSO_4$ 溶液：称取无水 $CuSO_4$ 1 g，溶解后用蒸馏水稀释至 100 mL。

(5)0.9%(*W*/*V*)NaCl 溶液：称取 NaCl 4.5 g，溶解后用蒸馏水定容至 500 mL。

(6)2% H_2O_2 溶液。

(7)铁粉。

(8)生马铃薯糜、熟马铃薯糜。

(9)玻璃匀浆器、比色板、恒温水浴箱、三用水箱、制冰机。

【操作步骤】

(一)唾液淀粉酶的制备

每人取一个干净的小烧杯，先用自来水漱口，将口腔内的食物残渣清除干净。然后取蒸馏水约 20 mL 含入口中，做咀嚼动作 3～4 min，以分泌较多的唾液。将口腔中的蒸馏水吐入干净的小烧杯中，此即为稀释的唾液淀粉酶液。

(二)酶的高效性及环境因素对酶活性的影响

1.pH 值对酶活力的影响　取 3 支试管编号，按表 3-1 操作。

表 3-1　pH 值对酶活力的影响　mL

编　号	1	2	3
pH 3.8 的缓冲溶液	3	—	—
pH 6.8 的缓冲溶液	—	3	—
pH 8.0 的缓冲溶液	—	—	3
0.5%淀粉溶液	1	1	1
唾液淀粉酶液	1	1	1
将上述各管溶液混匀后在 37℃水浴中保温 5 min			
检查淀粉水解程度	每隔 1 min，从 2 号试管中取出 1 滴溶液置白瓷板上，用碘液检查淀粉水解程度，待溶液不再变色时，从水浴中取出所有试管		
向各管均加入碘液 1～2 滴，摇匀			
观察、记录并解释各管的现象			

2.温度对酶活性的影响

(1)取 3 支试管编号，按表 3-2 操作。

(2)取出试管，并将在沸水浴中处理的试管用冷水冷却，然后向各管中滴加碘液 1～3 滴。摇匀后观察、记录并解释各管的现象。

3.酶的激活剂和抑制剂对酶活性的影响

(1)取 3 支试管编号，按表 3-3 操作。

表 3-2 温度对酶活力的影响

编 号	1	2	3
淀粉酶液(mL)	0.5	0.5	0.5
pH 6.8 的缓冲溶液(mL)	1	1	1
0.5%淀粉溶液(mL)	1	1	1
反应温度(℃,10 min)	0	37	100

表 3-3 酶的激活剂和抑制剂对酶活性的影响 mL

编 号	1	2	3
0.9%NaCl 溶液	1	—	—
1%$CuSO_4$ 溶液	—	1	—
蒸馏水	—	—	1
0.5%淀粉溶液	1	1	1
唾液淀粉酶液	1	1	1

(2)检查淀粉水解程度:将上述各管混匀,在 37℃水浴中保温,每隔 1 min 从 1 号试管中取出 1 滴溶液置白瓷板上,用碘液检查淀粉水解程度,待 1 号试管的溶液遇碘不变色时,从水浴中取出所有试管。

(3)向各管均加入碘液 2 滴,观察、记录并解释各管的现象。

4. 酶的高效性 取 4 支试管编号,按表 3-4 操作。

表 3-4 酶的高效性

管 号	1	2	3	4
2%H_2O_2 溶液(mL)	3	3	3	3
生马铃薯糜	少许	—	—	—
熟马铃薯糜	—	少许	—	—
铁粉	—	—	少许	—

观察并解释各管的现象。

【注意事项】

(1)做 pH 值对酶活性的影响实验项目时,为确保实验的效果,各试剂加完后再加唾液淀粉酶液。

(2)做各实验项目加唾液淀粉酶时应从第一管开始依次进行,前后管之间相隔时间控制在 5~7 s。

(3)各管试剂加完后一定要充分混匀。做酶的高效性实验项目时,马铃薯必须洗净去皮,然后制备成匀浆。

【思考题】

1. 做温度对酶活性的影响时,第三管取出来后为什么必须冷却?如不冷却,加碘后出现什么现象?为什么?

2. 做酶的实验必须控制哪些条件?为什么?

实验二　转氨酶活性测定——King 氏法

【实验目的】

1. 掌握 King 氏法测定血清转氨酶活性的原理和方法。

2. 了解测定血清转氨酶的临床意义。

【基本原理】

转氨基作用是在转氨酶的催化下，某一氨基酸的 α-氨基转移到另一种 α-酮酸的酮基上，生成相应的氨基酸，而原来的氨基酸则转变成 α-酮酸的过程。体内大多数氨基酸可以参与转氨基作用。

体内存在着多种转氨酶，其中谷丙转氨酶 GPT（又称 ALT）和谷草转氨酶 GOT（又称 AST）最为重要。

GPT 和 GOT 催化生成的最终产物都是丙酮酸。测定单位时间内丙酮酸的产量即可得知转氨酶的活性。丙酮酸可与 2,4-二硝基苯肼反应，形成丙酮酸二硝基苯腙，在碱性溶液中显棕红色。再与同样处理的丙酮酸标准液进行比色，计算出其含量，以此测定转氨酶的活性。

它们的催化反应如下：

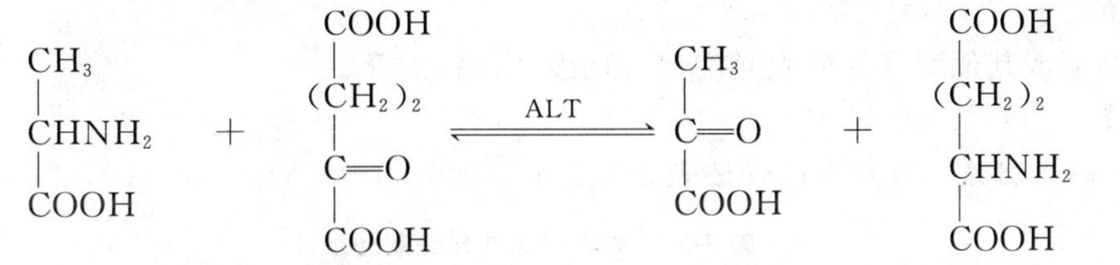

丙氨酸　　α-酮戊二酸　　内酮酸　　谷氨酸

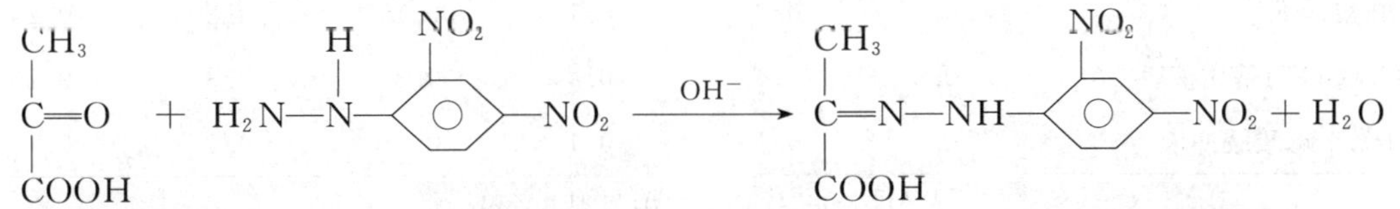

丙酮酸　　2,4-二硝基苯肼　　丙酮酸二硝基苯腙

正常时上述转氨酶主要存在于细胞内，而血清中的活性很低；各组织器官中以心和肝的活性为最高。当某种原因使细胞膜通透性增高或细胞破坏时，则转氨酶可以大量释放入血，造成血清中转氨酶活性明显升高。例如，急性肝炎患者血清 GPT 活性显著升高；心肌梗死患者血清中 GOT 明显上升。临床上可以此作为疾病诊断和预后的指标之一。

King 氏法转氨酶的活性单位：每毫升血清在 37℃、pH 7.4 的底物溶液中作用 60 min，生成 1 μmol 丙酮酸为 1 个单位。

利用该法测定，可以应用 GPT 测定试剂盒。

【试剂与器材】

（1）磷酸盐缓冲液（pH 7.4）：

甲液：1/15 mol/L 磷酸氢二钠溶液：称取磷酸氢二钠（Na_2HPO_4）9.47 g（或 Na_2HPO_4 ·

$12H_2O$ 23.88 g)溶于蒸馏水,定容至 1 000 mL。

乙液:1/15 mol/L 磷酸二氢钾溶液:称取磷酸二氢钾($KH_2PO_4 \cdot 2H_2O$)9.072 g,溶于蒸馏水,定容至 1 000 mL。

取甲液 825 mL,乙液 175 mL,混合,测其 pH 值为 7.4 即可使用。

(2)GPT 底物液:称取 α-酮戊二酸 29.2 mg 及 α-*DL*-丙氨酸 1.78 g,溶于 50 mL pH 7.4 的磷酸盐缓冲液中,加 0.1 mol/L 的 NaOH 溶液 0.5 mL,校正 pH 值至 7.4。再以 pH 7.4 的磷酸缓冲液定容至 100 mL。置冰箱保存,可用 1 周。

(3)GOT 底物液:称取 α-酮戊二酸 29.2 mg 及 α-*DL*-天冬氨酸 2.66 g,溶于 50 mL pH 7.4 的磷酸盐缓冲液中,加 0.1 mol/L 的 NaOH 溶液 0.5 mL,校正 pH 值至 7.4。再以 pH 7.4 的磷酸缓冲液定容至 100 mL。置冰箱保存,可用 1 周。

(4)2,4-二硝基苯肼溶液:称取 2,4-二硝基苯肼 20 mg,先溶于 10 mL 浓盐酸中(可加热助溶),再以蒸馏水稀释至 100 mL(有沉渣可过滤),棕色瓶内保存。

(5)丙酮酸标准液(2 μmol/mL 丙酮酸):精确称取丙酮酸钠 22 mg,加 pH 7.4 的磷酸缓冲液溶解并定容至 100 mL。

(6)0.4 mol/L 氢氧化钠溶液。

(7)柠檬酸苯胺溶液:取柠檬酸 50 g 溶于 50 mL 蒸馏水中,再加苯胺 50 mL 充分混合即成。低温出现结晶时,可置于 37℃水浴中,待溶解后应用。

(8)血清。

(9)722 型或其他型号的分光光度计,恒温水浴箱,试管。

【操作步骤】

1. 标准曲线制作　取 6 支试管按表 3-5 操作。

表 3-5　转氨酶标准曲线制作　mL

试剂	1	2	3	4	5	6
丙酮酸标准液	0	0.05	0.1	0.15	0.2	0.25
GPT(GOT)基质液	0.5	0.45	0.4	0.35	0.3	0.25
pH 7.4 磷酸缓冲液	0.1	0.1	0.1	0.1	0.1	0.1
混匀,置于 37℃水浴中保温 30 min						
各管均加入 2,4-二硝基苯肼溶液 0.5 mL,混匀,37℃水浴 20 min						
各管均加入 0.4 mol/L 氢氧化钠溶液 5.0 mL						
相当活性单位数	空白	100	200	300	400	500

混匀,10 min 后,在 520 nm 波长处,以空白调"0"点,读取各管吸光度。以活性单位值为横坐标,吸光度为纵坐标,在坐标纸上绘制标准曲线。

2. GPT(GOT)测定　取 3 支洁净的试管按表 3-6 操作。

表 3-6　GPT(GOT)测定

试剂	空白	测定1	测定2
血清(mL)	0.1	0.1	0.1
G PT(GOT)底物液(mL)	—	0.5	0.5
混匀,置于37℃水浴中准确保温30 min			
GPT(GOT)底物液(mL)	0.5	—	—
柠檬酸苯胺溶液(滴)	1	1	1
2,4-二硝基苯肼溶液(mL)	0.5	0.5	0.5
混匀,置于37℃水浴中放置20 min,然后各管分别加入			
0.4 mol/L 氢氧化钠(mL)	5.0	5.0	5.0

混匀,放置5 min,在波长520 nm处测定,以空白调"0"点,读取吸光度。

注:GPT测定不加柠檬酸苯胺溶液,其他操作方法同GOT测定法。

【计算】

(1)根据测定管值查标准曲线,即可得知每毫升血清中转氨酶活性单位数。

(2)若用标准管法测定,可用丙酮酸标准液(2 μmol/mL)0.1 mL,按操作测定标准管吸光度,按下列方式计算结果:

$$转氨酶活性(单位数/mL 血清)=\frac{测定管吸光度}{标准管吸光度}\times 2\times 0.1\times 0.1$$

【注意事项】

(1)标准曲线和样品测定应使用同一台分光光度计。

(2)标准曲线必须经常绘制,以免试剂、操作条件等发生改变而引起误差。

(3)温度、时间及试剂的pH值均可影响酶的活性,因此操作中要准确掌握。

(4)每次测定样品不要太多,显色后在30 min内比色测定完成为宜。

【思考题】

1. 进行转氨酶活性测定有何临床意义?

2. 转氨酶活性测定的原理如何?

实验三　琥珀酸脱氢酶的作用及竞争性抑制的观察

【实验目的】

1. 掌握琥珀酸脱氢酶的作用及体外脱氢后氢的去路。

2. 理解丙二酸对琥珀酸脱氢酶的抑制作用。

【基本原理】

琥珀酸脱氢酶(SDH)是三羧酸循环中的一个重要的酶，该酶可使琥珀酸脱氢而生成延胡索酸。在体内，该酶脱下的氢可进入 $FADH_2$ 呼吸链，通过一系列传递体最后传递给氧而生成水；在体外，缺氧情况下，若有适当的受氢体也可显示出琥珀酸脱氢酶的作用。如心肌中的琥珀酸脱氢酶在缺氧的情况下，可使琥珀酸脱氢，脱下之氢可将蓝色的甲烯蓝还原成无色的甲烯白。因此，通过甲烯蓝颜色的变化，可直接观察琥珀酸脱氢酶的作用。

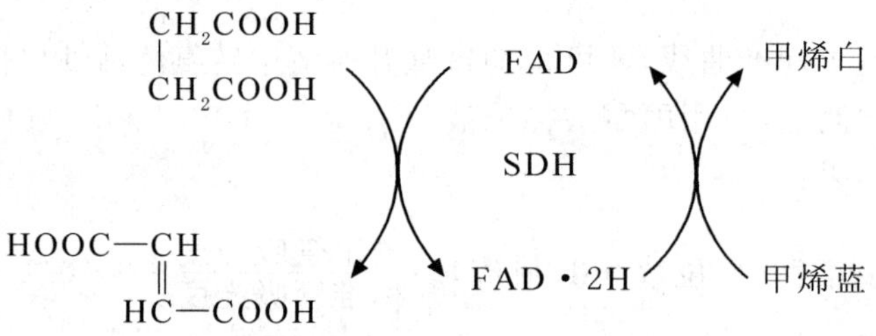

丙二酸的化学结构与琥珀酸相似，它能与琥珀酸竞争性地与琥珀酸脱氢酶结合。若琥珀酸脱氢酶已与丙二酸结合，则不能再催化琥珀酸脱氢，这种现象称为竞争性抑制。如增加琥珀酸的浓度，则可减弱甚至解除丙二酸的抑制作用。

【试剂与器材】

(1)1.5％琥珀酸钠溶液：称取琥珀酸钠 1.5 g，用蒸馏水溶解并稀释至 100 mL。如无琥珀酸钠可用琥珀酸配成 1.5％水溶液后，以 5 mol/L 氢氧化钠溶液调至 pH 7～8。

(2)1％丙二酸钠溶液：称取丙二酸钠 1 g，用蒸馏水溶解并稀释至 100 mL。

(3)0.02％甲烯蓝溶液。

(4)pH 7.3 0.2 mol/L 的磷酸盐缓冲液。

(5)液体石蜡。

(6)恒温水浴箱、玻璃匀浆器(碾钵)、剪刀。

【操作步骤】

1. 琥珀酸脱氢酶液的提取　称取新鲜猪心 1.5～2.0 g 置研钵中，充分剪碎，加入等体积的石英砂及 1/15 mol/L Na_2HPO_4 溶液 3～4 mL，捣碎成匀浆，再加入 6～7 mL 1/15 mol/L Na_2HPO_4 溶液，离心取上清液备用。

2. 酶反应　取4支试管，编号并按表3-7操作。

表3-7　琥珀酸脱氢酶的催化反应　mL

管号	1	2	3	4
磷酸盐缓冲液	1	1	1	1
1.5%琥珀酸钠溶液	1	1	1	2
1%丙二酸钠溶液	—	—	1	1
蒸馏水	2	2	1	—
酶提取液	1	1(先煮沸)	1	1
0.02%甲烯蓝溶液	0.2	0.2	0.2	0.2

各管溶液混匀后，各加液体石蜡一薄层(约10滴)。然后置于37℃水浴中，观察并记录各管颜色变化快慢、先后及程度，分析各管产生不同结果的原因。然后将第一管用力摇动，观察其有何变化？

【注意事项】

(1)各管加液体石蜡前，一定充分混匀，加液体石蜡后，切勿摇动。

(2)研磨时，一定要充分研成匀浆，以便使酶从细胞内释放出来。

(3)2号管加入的酶提取液应预先在沸水中煮5 min作为对照管。

【思考题】

1. 本实验加液体石蜡的目的是什么？将第一管用力摇动后，有何变化？为什么？

2. 第三和第四管结果有何差异？为什么？

3. 如何证明琥珀酸的脱氢反应是受琥珀酸脱氢酶催化的？

第四章 糖类实验内容

实验四 血糖的测定

Ⅰ.福林-吴宪氏法

【实验目的】

1. 掌握测定血糖含量的原理和方法。

2. 掌握离心机和分光光度计的使用方法。

【基本原理】

动物血液中的糖主要是葡萄糖。正常情况下,动物血糖浓度相对恒定。健康家兔的血糖水平为 80～120 mg/100 mL。

由于葡萄糖是一种多羟基的醛类,其半缩醛羟基具有还原性。当其与碱性铜试剂(这种试剂中含有的酒石酸二钠是络合剂,与铜盐结合成络合物而溶解)混合加热后,它的醛基被氧化成羧基,而试剂中的高铜(Cu^{2+})被它还原为红黄色的氧化亚铜(Cu_2O)而沉淀。氧化亚铜又可使磷(砷)钼酸还原生成钼蓝,使溶液呈蓝色,其蓝色深度与血滤液中葡萄糖浓度成正比。无蛋白血滤液与葡萄糖标准液同时进行光度测定,便可计算出血中的葡萄糖含量。

Folin-Wu 法为经典方法,其优点是稳定、准确。但此方法操作繁琐(如需制备无蛋白血滤液),受血中非糖还原物质的影响。

【试剂与器材】

(1)碱性铜试剂:在蒸馏水 400 mL 中加入无水碳酸钠 40 g;在蒸馏水 300 mL 中加入酒石酸 7.5 g;在蒸馏水 200 mL 中加入硫酸铜结晶($CuSO_4 \cdot 5H_2O$)4.5 g。以上分别加热使其溶解,冷却后将酒石酸溶液倾入碳酸钠溶液内,混合移入 1 000 mL 容量瓶内,再将硫酸铜溶液倾入并加蒸馏水至刻度。此试剂可在室温长期保存,如放置数周后有沉淀产生,可用优质滤纸过滤后再使用。试剂中各化学成分的变化为:

$$Na_2CO_3 + 2H_2O \longrightarrow H_2CO_3 + 2NaOH$$
$$CuSO_4 + 2NaOH \longrightarrow Cu(OH)_2 + Na_2SO_4$$

(2)磷钼酸试剂:在烧杯内加入钼酸 70 g,钨酸钠 10 g,10%NaOH 溶液 400 mL 及蒸馏水 400 mL。混合后在电炉上煮沸 20～40 min,以除去钼酸内可能存在的氨。冷却后加入浓磷酸(85%)250 mL,混合,最后用蒸馏水稀释至 1 000 mL。

(3)0.25%苯甲酸溶液:称取苯甲酸 2.5 g 加入 1 000 mL 蒸馏水中,煮沸使溶解。冷却后补加至 1 000 mL,此试剂可长期保存。

(4)葡萄糖标准液

①贮存液(1 mL=10 mg):将少量无水葡萄糖(化学纯)置于硫酸干燥器内一夜。精确称取此葡萄糖 1.00 g,以 0.25%苯甲酸溶液溶解并稀释至 100 mL。置冰箱中可长期保存。

②应用液(1 mL;0.1 mg):准确吸取上述贮存液 1.0 mL 加入 100 mL 容量瓶内,以苯甲酸溶液稀释到刻度。

(5)1∶4 磷钼酸稀释液:取磷钼酸溶液 1 份加蒸馏水 4 份,混匀即成。

(6)10%钨酸钠:取钨酸钠($Na_2WO_4 \cdot 2H_2O$)10 g,用蒸馏水溶解并稀释至 100 mL。此液以 1%酚酞为指示剂试之应为中性(无色)或微碱性(粉红色),约可保存半年。

(7)1/3 mol/L H_2SO_4 溶液:取蒸馏水 2 份加标定过的 1.0 mol/L 硫酸 1 份混合后即可应用。

(8)分光光度计,恒温水浴锅,刻度吸管,玻璃漏斗,锥形瓶,血糖管,试管。

【操作步骤】

1.无蛋白血滤液的制备

(1)取 1 只家兔(饥饿 16 ～25 h),从心脏或耳静脉采血滴入含有抗凝剂的试管中,随即摇动试管使血液与抗凝剂混匀。

(2)量取蒸馏水 7 份加入锥形瓶或大试管内。

(3)用吸管吸取抗凝血 1 份,擦去管尖外周血液,插入蒸馏水底层,缓缓将血液加于水层之下,吸取上清水洗涤吸管数次。直至血液全部洗净为止,充分混合,使血细胞完全溶解。

(4)加入 1/3 mol/L 硫酸溶液 1 份,随加随摇。

(5)加入 10%钨酸钠溶液 1 份,随加随摇。

(6)放置约 5 min 后,如振摇不再发生泡沫,说明蛋白质完全变性沉淀,2 500 r/min 10 min 或用优质不含氮的滤纸过滤除去沉淀,即得稀释 10 倍且完全澄清无色的无蛋白滤液。

2.反应试验 取 4 支血糖管,按表 4-1 进行操作。

表 4-1 葡萄糖的还原性反应 mL

试剂	空白	标准	样品 1	样品 2
无蛋白血滤液	—	—	1.0	1.0
蒸馏水	2.0	1.0	1.0	1.0
葡萄糖标准应用液	—	1.0	—	—
碱性铜试剂	2.0	2.0	2.0	2.0
混合,置沸水中煮 8 min,于流动冷水内冷却 3 min(勿摇动)				
磷钼酸试剂	2.0	2.0	2.0	2.0
混匀,放置 2 min(使气体逸出)				
1∶4 磷钼酸液加至	25	25	25	25

混合后立即用空白液调“0”点,在 620 nm 波长处测定并读取各试管光密度值。

【计算】

将测得数值代入下面公式计算:

$$\text{葡萄糖含量(mg/mL)}=\frac{\text{测定管吸光度}}{\text{标准管吸光度}}$$

【注意事项】

(1)一定要等水沸后再放入血糖管,加热时间必须准确,否则会影响实验结果的准确性。

(2)加入磷钼酸试剂后显色不稳定,应迅速进行比色。

【思考题】

1. 此法测定葡萄糖的原理是什么?

2. 实验中,如果测定管颜色明显深于或浅于标准管颜色时,应做怎样处理?

Ⅱ. 葡萄糖氧化酶法

【实验目的】

掌握葡萄糖氧化酶法测定血糖的原理和方法

【基本原理】

葡萄糖可经葡萄糖氧化酶氧化成葡萄糖酸和过氧化氢,后者在过氧化物酶的作用下,能与邻联茴香胺作用生成黄色化合物。当酶和其他底物足量时,黄色化合物的生成量与葡萄糖含量呈正比。葡萄糖氧化酶和过氧化物酶分别催化下列反应:

$$C_6H_{12}O_6 + O_2 + H_2O \longrightarrow C_5H_{11}O_5COOH + H_2O_2$$

$$2H_2O_2 + \text{邻联茴香胺} \longrightarrow \text{醌亚胺(黄色化合物)} + H_2O$$

醌亚胺在 480～550 nm 波长有最大吸收,而且所生成颜色的深浅与血清中葡萄糖的含量呈正比。在同样条件下,测定葡萄糖标准液和样品的吸光度,代入公式即可求出样品中葡萄糖的含量。

葡萄糖氧化酶法特异性高,血用量少,操作简便。近年来,在大多数临床实验室中已用于取代其他方法。此法已被应用于自动仪器分析(如生化自动分析仪)。

【试剂与器材】

(1)葡萄糖贮存标准液(10 mg/mL)。

(2)葡萄糖应用标准液(1.0 mg/mL):准确吸取葡萄糖贮存标准液 1.0 mL,置于 100 mL 容量瓶中,以 0.25%苯甲酸溶液稀释至 100 mL 刻度。

(3)pH 7.0 磷酸盐甘油缓冲液:溶解无水磷酸氢二钠 3.48 g 及磷酸二氢钾 2.12 g 于 600 mL 蒸馏水中,加入 400 mL 甘油混合,应用 pH 计验证 pH 值。

(4)葡萄糖氧化酶试剂:称取葡萄糖氧化酶 125 mg 及过氧化物酶 5 mg,溶于磷酸盐甘油缓冲液 100 mL 中。另称取邻联茴香胺 10 mg,溶于蒸馏水 1 mL。然后将上两种溶液混合,贮于棕色瓶中,冰箱保存,1 个月内稳定。

(5)3 mol/L 硫酸,0.15 mol/L $Ba(OH)_2$,5%(*W/V*)$ZnSO_4$。

(6)抗凝血。

(7)分光光度计,恒温水浴锅,离心机。

【操作步骤】

(1)无蛋白血滤液的制备:取大试管 1 支,加入蒸馏水 7.0 mL,0.15 mol/L $Ba(OH)_2$ 溶液 1.0 mL 和抗凝血 1.0 mL,摇匀,放置 2 min。再加入 5%(*W/V*)$ZnSO_4$ 溶液 1.0 mL,摇匀,

5 min 后离心或过滤，即得 1∶10 无蛋白血滤液。

(2)同时分别用蒸馏水及葡萄糖应用标准液按上述方法制备 1∶10 的空白滤液及标准葡萄糖滤液。

(3)反应试验：取 3 支试管，编号，按表 4-2 进行操作。

表 4-2 葡萄糖氧化酶的催化作用 mL

管号	空白管	标准管	测定管
无蛋白血滤液	—	—	0.1
蒸馏水空白滤液	0.1	—	—
标准葡萄糖滤液	—	0.1	—
各管均加入葡萄糖氧化酶试剂 1.0 mL			
混匀，立即置入 37℃水浴中，保温 30 min			
各管均加入 3 mol/L 硫酸 5.0 mL			

(4)测定：将各管分别混匀，冷却至室温，在 5 min 至 1 h 内以空白管校正光密度到 0 点，在 540 nm 波长处比色。

【计算】

$$葡萄糖含量(mg/mL)=\frac{测定管吸光度}{标准管吸光度}$$

【注意事项】

血清应在收集血样后 1 h 内与细胞分离，分离后 15～25℃可贮存 1 d，在 4℃封闭容器中可贮存 7 d。

【思考题】

制备样品时应注意什么？

实验五　肝糖原的提取和鉴定

【实验目的】

掌握肝糖原的提取和鉴定的原理和方法。

【基本原理】

肝糖原是糖在体内重要的贮存形式之一。其贮存量虽不多,但在代谢过程中,它是体内糖的重要来源之一,肝糖原的合成和分解对血糖浓度的调节起着重要的作用。

糖原是一种高分子化合物(相对分子质量约 400 万),微溶于水,无还原性,与碘作用生成红棕色。提取肝糖原时,使用三氯乙酸破坏肝组织中的酶,且肝组织中的蛋白质也被三氯乙酸所沉淀,而糖原仍留在溶液中,离心或过滤除去沉淀,滤液中的肝糖原可借加入的乙醇而沉淀,将沉淀的糖原溶于水,即可得到糖原的溶液。

在酸性条件下,糖原能够水解生成葡萄糖,葡萄糖具有还原性,在弱碱条件下,可使斑氏试剂中的 Cu^{2+} 还原生成红色的 Cu_2O ,而其本身的醛基则被氧化成羰基。利用糖原遇碘的呈色反应和葡萄糖的还原性,可判定组织中糖原的存在。

【试剂与器材】

(1)试验材料:小白鼠等新鲜动物肝组织。

(2)碘液:取碘 1 g,碘化钾 2 g 溶于 500 mL 蒸馏水中。

(3)斑氏试剂:将硫酸铜 17.3 g 溶于 100 mL 温蒸馏水中,取柠檬酸钠 173 g 和无水碳酸钠 100 g 于 700 mL 温蒸馏水中,待冷却后,将硫酸铜溶液缓缓加入柠檬酸钠和碳酸钠混合液内,最后用蒸馏水稀释至 1 000 mL。

(4)10%三氯乙酸溶液,5%三氯乙酸溶液,95%乙醇,浓盐酸,20%NaOH 溶液。

(5)天平,离心机,恒温水浴锅,研钵,白瓷板,移液管,刻度离心管,玻璃棒,广泛 pH 试纸。

【操作步骤】

1.肝糖原的提取

(1)肝匀浆的制备:迅速断头处死小白鼠,立即取出肝,用滤纸吸去附着的血液。称取肝约 1 g 置研钵中,加洗净的石英砂少许及 10%三氯乙酸 1 mL,研磨至乳状后再加 5%三氯乙酸溶液 2 mL,继续研磨,直至肝组织以充分磨成肉末状为止。

(2)提取糖原:将制备好的肝匀浆以 2 500 r/min 的转速离心 10 min,然后将上清液转入另一离心管并量取体积,加入同体积的 95%乙醇溶液,混匀后,静置 10 min,此时糖原呈絮状沉淀析出。将沉淀溶液以 2 500 r/min 的转速离心 10 min,弃去上清液,并将离心管倒置于滤纸上 1~2 min,向沉淀中加入蒸馏水 1 mL,用细玻璃棒搅拌至溶解,即成糖原溶液。

2.肝糖原的鉴定

(1)与碘的呈色反应:在白瓷板的两个凹槽内分别滴加 2 滴糖原溶液和蒸馏水,然后各加碘液 1 滴,混匀,比较两凹槽内溶液颜色有何不同?

(2)糖原水解液中葡萄糖的鉴定:在剩余的糖原液中,加浓盐酸 3 滴,放在沸水浴中加热 10 min,取出冷却,然后以 20%NaOH 溶液中和至中性(用 pH 试纸测试)。在上述溶液中加斑氏试剂 2 mL,再置于沸水浴中加热 5 min,取出冷却,观察沉淀的生成情况。

【注意事项】

(1)试验用小白鼠在试验前必须饱食,因为空腹时肝糖原易分解而使其含量减少。

(2)肝离体后,肝糖原会迅速分解,所以在杀死动物后,所得肝必须迅速用三氯乙酸溶液处理。

【思考题】

1. 试验过程中,加入三氯乙酸有什么作用?

2. 如果试验结果未提取到糖原,请分析可能的原因。

3. 如何解释糖原水溶液与斑氏试剂反应生成沉淀?

第五章　脂类实验内容

实验六　血清总脂含量测定(香草醛法)

【实验目的】

1. 掌握香草醛法测定总脂的原理与方法。

2. 了解正常动物血清中总脂含量。

【基本原理】

血清总脂指血清中各种脂类的总和。测定血清总脂的方法有称量法、比色法、染色法等。其中称量法比较准确,可作为参考标准。比色法简单易行,采用者居多。香草醛法是一种常用的比色法。

血清中的脂类,尤其是不饱和脂类与浓硫酸共热作用,经水解后生成碳正离子。试剂中的香草醛与浓磷酸的羟基作用生成芳香族的磷酸酯,由于改变了香草醛分子中的电子分配,使醛基变成活泼的羰基。此羰基可与碳正离子起反应,生成红色的醌化合物,其强度与碳正离子成正比。反应如下:

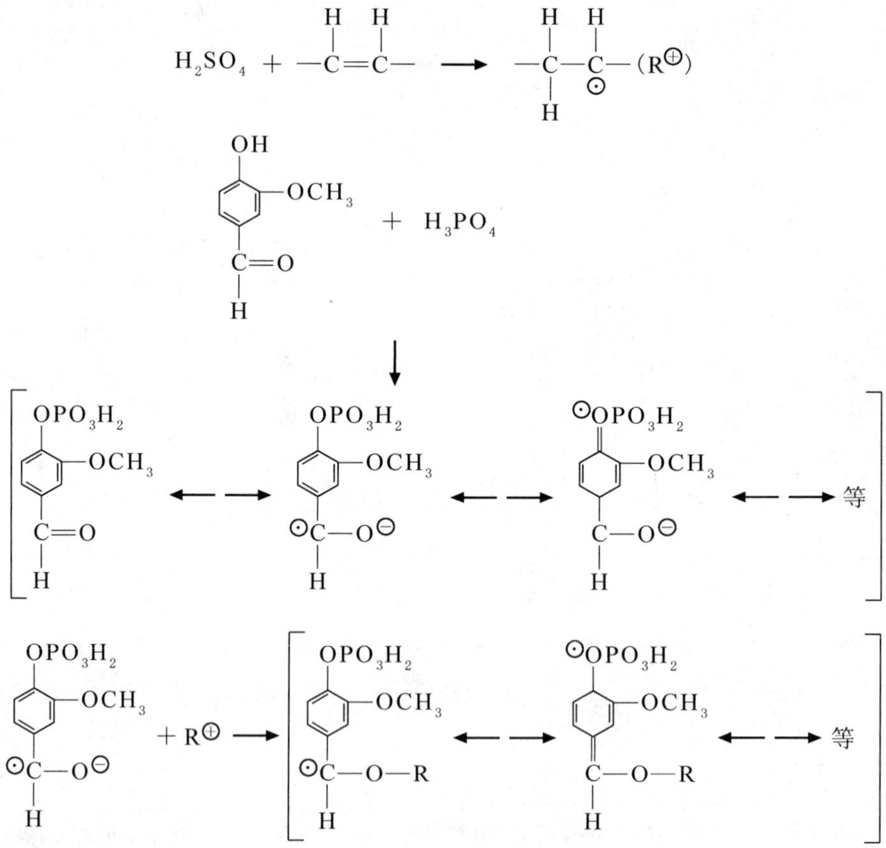

【试剂与器材】

(1)胆固醇标准液(6 mg/mL):精确称取纯胆固醇 600 mg,溶于无水乙醇并定容至 100 mL。

(2)显色剂:先配制 0.6%的香草醛水溶液 200 mL,再加入浓磷酸 800 mL。贮存于棕色瓶可保存 6 个月。

(3)浓硫酸(分析纯,体积质量 1.84,含量 95%以上)。

(4)浓磷酸(分析纯,体积质量 1.71,含量 85%以上)。

【操作步骤】

取 4 支洁净试管,按表 5-1 操作。

表 5-1 血清脂类的颜色反应 mL

管号	空白管	标准管	测定管	测定管
血清	—	—	0.02	0.02
标准液	—	0.02	—	—
浓硫酸	1.0	1.0	1.0	1.0
充分混匀,放置沸水浴 10 min,使脂类水解,冷水冷却				
向各管中均加入显色剂 4.0 mL,用玻棒充分搅匀				

放置 20 min(或 37℃保温 15 min)后,在 525 nm 波长处比色。以空白管调节"0"点,分别读取各管吸光度。

【计算】

$$\text{血清总脂含量(mg/mL)}=\frac{\text{测定管吸光度}}{\text{标准管吸光度}}\times 0.12\times 5$$

【注意事项】

(1)总脂是血清脂类的总和,包括饱和与不饱和的脂类。本实验中的呈色反应,不饱和脂类比饱和脂类呈色强。血清中饱和脂类与不饱和脂类的比例约为 3∶7。因此要测定血清的标准总脂含量最好选用称量法。但本实验中采用胆固醇(或橄榄油)作标准的测定法其结果比较接近实际情况,而且方法简易,所以目前多用此法为血清总脂的测定。

(2)本法试剂多系浓酸,黏稠度大,量取时吸管内试剂要尽量慢放,避免因放置过快而使试剂附着于管壁过多而造成误差。

(3) 血清中脂质含量过多时,可用生理盐水稀释后再进行测定,并将结果乘以稀释倍数。

(4)操作时应注意安全,不要将吸硫酸的刻度吸管放实验台上;用玻璃棒搅拌时,应从下往上搅拌,以免捅破试管底部。

【思考题】

1. 何谓总脂? 测定总脂含量有何意义?

2. 显色后为什么要放置 20 min? 放置的目的是什么?

实验七　肝组织的生酮作用

【实验目的】

1. 掌握酮体测定的原理与方法。

2. 掌握滴定法进行物质定量测定的基本方法。

【基本原理】

酮体包括乙酰乙酸、β-羟丁酸和丙酮三种物质。酮体是脂肪酸在肝脏中分解代谢的正常中间产物，是肝输出能源的一种形式。酮体在肝脏中生成后须被运往肝外组织才能被机体所利用。酮体是肌肉，尤其是脑组织的重要能源。

在正常情况下，动物体内含量甚微；在饥饿、高脂低糖膳食及糖尿病时，脂肪酸动员加强，酮体生成超过肝外组织利用的能力，引起血中酮体升高，可导致酮症酸中毒。

本实验以丁酸做底物，将之与新鲜的肝匀浆一起保温后，再测定其酮体的生成量。因为在碱性溶液中碘可以将丙酮氧化为碘仿（CHI_3），所以通过用硫代硫酸钠（$Na_2S_2O_3$）滴定反应中剩余的碘就可以计算出所消耗的碘量，进而可以求出以丙酮为代表的酮体含量。有关的反应式如下：

$$CH_3COCH_3 + 4NaOH + 3I_2 \longrightarrow CHI_3 + CH_3COONa + 3NaI + 3H_2O$$

$$I_2 + 2Na_2S_2O_3 \longrightarrow Na_2S_4O_6 + 2NaI$$

根据滴定样品与滴定对照所消耗的硫代硫酸钠溶液体积之差，可以计算由丁酸氧化生成丙酮的量。

【试剂与器材】

(1)10%(*W*/*V*)氢氧化钠溶液：称取 10 g 氢氧化钠，蒸馏水溶解后，定容至 100 mL。

(2)0.1 mol/L 碘溶液：称取 12.690 g 碘和约 25 g 碘化钾，放置于研钵中。加入少量蒸馏水后，将之研磨至溶解。用蒸馏水定容到 1 000 mL，置棕色瓶中保存。用标准硫代硫酸钠溶液标定其浓度。

(3)0.5 mol/L 正丁酸：取 5 mL 正丁酸，用 0.5 mol/L 氢氧化钠溶液中和至 pH 7.6，并稀释至 100 mL。

(4)0.1 mol/L 碘酸钾（KIO_3）溶液：准确称取 KIO_3（相对分子质量 214.02）21.402 g，用蒸馏水溶解，并定容至 1 000 mL。

(5)0.1 mol/L 硫代硫酸钠（$Na_2S_2O_3$）溶液：称取无水硫代硫酸钠 15.811 g，溶解于适量煮沸的蒸馏水中，并继续煮沸 5 min。冷却后，用煮沸过并冷却的蒸馏水定容到 1 000 mL，用 0.1 mol/L 碘酸钾溶液标定其浓度。

(6)硫代硫酸钠溶液的标定：取 0.1 mol/L 碘酸钾溶液 20 mL 于锥形瓶内，加入碘化钾 1 g 及 12 mol/L H_2SO_4 溶液 5 mL，然后用 0.1 mol/L 硫代硫酸钠溶液将之滴定至浅黄色。再加入 0.1%淀粉溶液 3 滴作指示剂，继续滴定至蓝色刚消褪为止。

另设一空白，其中仅以蒸馏水代替碘酸钾，其余操作相同。计算硫代硫酸钠溶液的浓度所依据的反应式如下：

$$5KI + KIO_3 + 6HCl = 3I_2 + 6KCl + 3H_2O$$

$$I_2 + 2Na_2S_2O_3 = Na_2S_4O_6 + 2NaI$$

(7)10%(*V*/*V*)盐酸溶液：取 10 mL 盐酸，用蒸馏水稀释至 100 mL。

(8)0.1%(*W*/*V*)淀粉溶液：称取 0.1 g 可溶性淀粉，置于研钵中。加入少量预冷的蒸馏水，将淀粉调成糊状。再慢慢倒入煮沸的蒸馏水 90 mL，搅匀后，再用蒸馏水定容至 100 mL。

(9)0.9%(*W*/*V*)氯化钠。

(10)pH 7.7 1/15 mol/L 磷酸缓冲液。

A 液：1/15 mol/L Na_2HPO_4 溶液：称取 $Na_2HPO_4 \cdot 2H_2O$ 11.87 g，用蒸馏水溶解并定容至 1 000 mL。

B 液：1/15 mol/L KH_2PO_4 溶液：称取 KH_2PO_4 9.078 g，用蒸馏水溶解并定容至 1 000 mL。

取 A 液 900 mL、B 液 100 mL 混合即可。

(11)20%(*V*/*V*)三氯乙酸溶液：称取三氯乙酸 20 g，用蒸馏水溶解并定容至 100 mL。

(12)匀浆器(或匀浆机)，碘量瓶，微量滴定管，移液器，离心机，分光光度计，恒温水浴箱。

【操作步骤】

1. 肝匀浆的制备

(1)将动物(如鸡、家兔、大鼠或豚鼠等)放血处死，取出肝脏。

(2)用 0.9%氯化钠溶液洗去肝脏上的污血，然后用滤纸吸去表面的水分。称取肝 5 g，置玻璃皿上剪碎，倒入匀浆器加 0.9%氯化钠溶液 3 mL 研磨成匀浆，再加 0.9%氯化钠溶液至总体积为 10 mL。

2. 酮体生成

(1)取两个锥形瓶，编号，按表 5-2 操作。

表 5-2　酮体生成　mL

锥形瓶	A	B
新鲜肝匀浆	—	2.0
预先煮沸的肝匀浆	2.0	—
pH 7.7 磷酸缓冲液	4.0	4.0
0.5 mol/L 正丁酸溶液	2.0	2.0
43℃恒温水浴锅中保温 40 min 后取出		
20%三氯乙酸溶液	3.0	3.0

摇匀，于室温放置 10 min 后，分别过滤，滤液收集于事先编号 A、B 的试管中。

3. 酮体的测定

(1)取碘量瓶 2 个，根据上述编号顺序按表 5-3 操作。

表 5-3　酮体的测定　mL

碘量瓶编号	A	B
无蛋白滤液	5.0	5.0
0.1 mol/L 碘液	3.0	3.0
10%NaOH	3.0	3.0

(2)将试剂摇匀后，将碘量瓶于室温放置 10 min。

(3)于各碘量瓶分别滴加 10％盐酸溶液，使各瓶中溶液中和至中性或微酸性(可用 pH 试纸进行检测)。

(4)用 0.02 mol/L 硫代硫酸钠溶液滴定到碘量瓶中的溶液呈浅黄色时，往瓶中滴加数滴 0.1％淀粉溶液，使瓶中溶液呈蓝色。

(5)继续用 0.02 mol/L 硫代硫酸钠溶液滴定到碘量瓶中溶液的蓝色刚刚消褪为止。

(6)记录下滴定时所用去的硫代硫酸钠溶液的毫升数，按下式计算样品中丙酮的生成量。

【计算】

根据滴定样品与对照所消耗的硫代硫酸钠溶液体积之差，可以计算出由正丁酸氧化生成丙酮的量。

实验中所用肝匀浆中生成丙酮的量(mol)$=(V_1-V_2)\times c\times\frac{1}{6}$

V_1 为对照样品 A 所消耗的 0.02 mol/L 硫代硫酸钠溶液的毫升数；

V_2 为滴定样品 B 所消耗的 0.02 mol/L 硫代硫酸钠溶液的毫升数；

c 硫代硫酸钠溶液的浓度(mol/L)。

【注意事项】

(1) 肝匀浆必须新鲜，放置久则失去氧化脂肪酸能力。

(2) 三氯乙酸作用是使肝匀浆的蛋白质、酶变性，发生沉淀。

(3) 碘量瓶作用是防止碘液挥发，不能用锥形瓶代替。

【思考题】

1. 操作步骤 2 设置 A 管的目的是什么？

2. 制备肝匀浆时要注意哪些事项？为什么匀浆时要先加 0.9％氯化钠溶液 3 mL？

实验八 血清游离脂肪酸测定(一次提取比色法)

【实验目的】

1. 掌握一次提取比色法测定游离脂肪酸的原理与方法。

2. 了解游离脂肪酸测定的意义。

【基本原理】

脂肪酸是脂肪水解的产物,测定血清脂肪酸可以了解脂肪代谢的情况。

血清中的游离脂肪酸能与铜离子结合形成脂肪酸的铜盐而溶于氯仿中,其量与游离脂肪酸含量成正比。用铜试剂测定其中铜离子的含量,即可推算出游离脂肪酸的含量。

【试剂与器材】

(1)氯仿(A. R)。

(2)pH 6.4 磷酸盐缓冲液(1/30 mol/L)。

①1/30 mol/L 磷酸二氢钾溶液:称取磷酸二氢钾(KH_2PO_4)4.54 g,蒸馏水溶解并定容至1 L。

②1/30 mol/L 磷酸氢二钠溶液:称取磷酸氢二钠($Na_2HPO_4 \cdot 12H_2O$)11.94 g 蒸馏水溶解并定容至 1 L。

③取 1/30 mol/L 磷酸二氢钾溶液 73.3 mL 与 1/30 mol/L 磷酸氢二钠溶液 26.7 mL,混合即成。

(3)显色剂:称取二乙基二硫代氨基甲酸钠[$N(C_2H_5)_2CS_2Na$]100 mg,溶于正丁醇 100 mL 中。置 4℃可保存 1~2 周。

(4)1 mol/L 醋酸溶液:取冰醋酸(相对分子质量 60.05)60 mL 用蒸馏水稀释至 1 000 mL 刻度,可长期保存。

(5)6.45%硝酸铜溶液:称取硝酸铜 6.45 g,蒸馏水溶解并定容至 100 mL 刻度。可长期保存。

(6)1 mol/L 三乙醇胺溶液:称取三乙醇胺(相对分子质量 149.19)149.19 g,蒸馏水溶解并定容至 1000 mL 刻度。可长期保存。

(7)铜试剂:取 1 mol/L 三乙醇胺溶液 9 份,1 mol/L 醋酸溶液 1 份及 6.45%硝酸铜溶液 10 份混合即成。置 4℃可保存 3 周。

(8)棕榈酸标准液(1 000 μmol/L):精确称取棕榈酸[$CH_3(CH_2)_{14}COOH$,即软脂酸] 256.43 mg,置于 1 000 mL 容量瓶中,用氯仿溶解并稀释至 1 000 mL 刻度。

【操作步骤】

取带塞离心管 4 只,按表 5-4 进行操作。

表 5-4 游离脂肪酸与铜离子的结合反应 mL

管号	空白管	标准管	测定管	测定管
血清	—	—	0.3	0.3
棕榈酸标准液	—	0.3	—	—
蒸馏水	0.3	—	—	—
pH 6.4 磷酸盐缓冲液	1.0	1.0	1.0	1.0
铜试剂	2.0	2.0	2.0	2.0
氯仿	6.0	5.7	6.0	6.0
加塞，振摇 15 min，静置 10 min 后，离心 5 min(3 000 r/min)，仔细吸去上层液体及蛋白质凝块弃之。另取 4 只试管操作：				
下层氯仿液	4.0	4.0	4.0	4.0
显色剂	0.5	0.5	0.5	0.5
充分混合，放置 5 min，用 440 nm 进行比色，以空白管校正吸光度到 0 点，读取各管吸光度				

【计算】

$$\frac{\text{测定管吸光度}}{\text{标准管吸光度}} \times 1\,000 = \text{血清游离脂肪酸}(\mu\text{mol/L})$$

【注意事项】

(1)用氯仿提取游离脂肪酸时加入 pH 6.4 磷酸盐缓冲液可消除磷脂的干扰。但此 pH 值不是脂肪酸铜皂形成的最适条件，经实验证明以 pH 8 左右为最好，这可能是一次提取比色法结果偏低的原因。

(2)显色前吸取氯仿层时，吸管不要触及管壁，以免沾染管壁上粘着的铜试剂。氯仿层必须清澈，否则会使结果偏高。

(3)胆红素可被氯仿抽提而干扰比色，故黄疸血清须作一对照管，即最后不加显色剂而用正丁醇代替，在测定管吸光度读数中减去此对照管的吸光度。

(4)显色后色泽稳定，5 min 至 3 h 吸光度值不变。

(5)游离脂肪酸又称非酯化脂肪酸(NEFA)，血清中含量很少，测定时要避免脂肪水解产生的脂肪酸的干扰。

【思考题】

1. 动物体内的游离脂肪酸有哪些来源？
2. 操作中加入 pH 6.4 磷酸盐缓冲液的目的是什么？
3. 氯仿在本实验中起哪些作用？
4. 加塞，振摇 15 min 的目的是什么？

实验九 血清总胆固醇测定(胆固醇氧化酶法)

【实验目的】

掌握测定血清胆固醇的原理和方法。

【基本原理】

血清胆固醇有游离与酯化两种形式,血清中的胆固醇酯在胆固醇酯酶的作用下水解为胆固醇,再在胆固醇氧化酶的作用下产生 H_2O_2,后者在过氧化物酶的作用下,与苯酚及 4-氨基安替比林作用生成红色化合物醌亚胺。测定该红色化合物在 500 nm 波长处的吸光度,可计算出血清总胆固醇含量。

$$\text{胆固醇}\xrightarrow{\text{氧化酶}}H_2O_2\xrightarrow[\text{苯酚}]{\text{4-氨基安替比林}}\text{醌亚胺(红色)}$$

血清总胆固醇测定方法很多,过去一直以比色法用得较多。比色法又因为比色剂不同而又可分为不同的方法:一类是先经抽提、分离,然后再作显色定量(如硫磷铁法);另一类是直接向血清中加入显色剂(如硫酸-醋酐法)。由于胆固醇的呈色反应的特异性较差,直接测定往往受血清中其他因素干扰,故测定结果不如先抽提分离,然后再显色的方法准确。但直接显色法近来不断有所改进,故也受到临床检验人员的欢迎。

近来由于酶试剂盒的出现,有以酶法逐渐取代比色法的趋势。因酶法特异性高,测试时不需萃取分离,操作简便迅速,显色稳定长达 2 h,用样品量少,还可用于自动分析仪器测定。只是酶试剂的使用有一定的有效期限,在测定时要注意控制质量。

【试剂与器材】

(1)试剂盒组成:酶试剂 20 mL;稀释剂 80 mL;胆固醇标准液 5.18 mmol/L(2.0 g/L)。

(2)酶工作液:酶试剂与稀释剂以体积 1∶4 混合,根据需要临用配制。

(3)恒温水浴锅,分光光度计。

【操作步骤】

取试管 3 支,编号,按表 5-5 操作。

表 5-5 胆固醇的酶促反应 / mL

管号	标准管	测定管	空白管
血清	—	0.02	—
胆固醇标准液	0.02	—	—
酶工作液	1.5	1.5	1.5

混匀后,置于 37℃水浴中 15 min,在 500 nm 波长下比色,以空白管调“0”点,测定各管吸光度。

【计算】

$$\text{总胆固醇(mmol/L)}=\frac{A_{\text{测定}}}{A_{\text{标准}}}\times 5.18$$

【注意事项】

(1)清晨空腹抽血(隔夜忌食高脂)为好。分离血清应避免溶血(轻度不影响)。

(2)酶试剂在2～8℃暗处保存至少可用半年。

(3)酶试剂配成工作液后在2～8℃冰箱内7 d有效。

【思考题】

胆固醇氧化酶法测定血清胆固醇的原理是什么?

第六章　蛋白质实验内容

实验十　醋酸纤维薄膜电泳法分离血清蛋白质

【实验目的】

学习电泳的原理并掌握醋酸纤维薄膜电泳法分离血清蛋白质的方法。

【基本原理】

醋酸纤维素薄膜电泳是以醋酸纤维素薄膜为支持物分离蛋白质的一种电泳方法。醋酸纤维素薄膜具有均一的泡沫状结构，渗透性强，用它作为支持物进行电泳具有简单、快速定量、样品用量少、对样品无吸附和拖尾现象、电泳区带清晰、灵敏度高等优点。虽然其分辨率较聚丙烯酰胺凝胶电泳和淀粉凝胶电泳要低，但比以滤纸为支持物进行的纸电泳要高。目前应用仍很广泛，如在血清蛋白、血红蛋白、糖蛋白、脂蛋白、结合球蛋白、同工酶等方面的应用。

蛋白质是两性电解质，在不同的缓冲液中所带电荷的极性与数量会有所不同，因而在电场中的移动也相应的会有所不同：在 pH 值小于其等电点的缓冲液中，蛋白质带正电荷，在电场中向阴极移动；在 pH 值大于其等电点的缓冲液中，蛋白质带负电荷，在电场中向阳极移动；而当缓冲液的 pH 值为蛋白质的等电点时，则该蛋白质在电场中既不向阳极移动，也不向阴极移动。血清中含有多种蛋白质，如清蛋白、α-球蛋白、β-球蛋白、γ-球蛋白等，它们所具有的可解离基团不同，在同一 pH 值的缓冲液中，所带静电荷不同，因此它们在电场中的移动情况也就不同，故可利用电泳法将它们分离。人血清中有关蛋白质的相对分子质量、等电点的差异如表 6-1 所示。

表 6-1　人血清中各种蛋白质的等电点及相对分子质量

蛋白质名称	等电点(pI)	相对分子质量
清蛋白	4.88	69 000
α_1-球蛋白	5.06	200 000
α_2-球蛋白	5.06	300 000
β-球蛋白	5.12	90 000～150 000
γ-球蛋白	6.85～7.50	156 000～300 000

从表 6-5 中可知，血清中 5 种蛋白质的等电点都低于 pH 7.0，所以在 pH 8.6 缓冲液中，它们都可电离成负离子，在电场中向正极移动。由于清蛋白所带负电荷量最大，泳动最快，向正极迁移的距离最大，其余依次为 α_1-球蛋白、α_2-球蛋白、β-球蛋白、γ-球蛋白。γ-球蛋白所带电荷量最小，向正极迁移的距离最小，离原点最近。

由于血清蛋白质为无色的胶体颗粒，因此需要用染色的方法来进行观察，现有多种染料可与蛋白质结合，本实验中所采用的是氨基黑 10B。电泳结束后，将薄膜浸入染色液中浸泡染色，然后用漂洗液漂洗。漂洗液可洗去薄膜上未与蛋白质结合的染料，但是不能洗去已与蛋白质结合的染料。这样，漂洗之后就可以在薄膜上看到不同的蛋白质所处于不同的位置，形成电泳区带。

在一定范围内，蛋白质的量与结合的染料量成正比，因而还可以进行定量分析。本实验中将醋酸纤维素薄膜上各蛋白区带剪下，分别用 0.4 mol/L NaOH 将蛋白质浸洗下来，用比色法测定其相对含量。也可以将染色后的薄膜直接用光密度计扫描测定其相对含量。

【试剂与器材】

(1)新鲜血清(制备时要无溶血现象)

(2)电极缓冲液-巴比妥-巴比妥钠缓冲液(pH 8.6，0.075 mol/L，离子强度 0.06)：分别称取巴比妥 1.66 g 和巴比妥钠 12.76 g，合并后用蒸馏水溶解并定容至 1 000 mL。

(3)染色液：称取氨基黑 10B 0.5 g，分别加入蒸馏水 40 mL、甲醇 50 mL、冰醋酸 10 mL，混匀后，贮存于试剂瓶中。

(4)漂洗液：分别量取 95%乙醇 45 mL、冰醋酸 5 mL 和蒸馏水 50 mL，混匀即可。

(5)透明液：

甲液：分别取冰醋酸 15 mL 和无水乙醇 85 mL，将二者混匀即可。

乙液：分别取冰醋酸 25 mL 和无水乙醇 75 mL，将二者混匀即可。

(6) 0.4 mol/L NaOH 溶液：称取 16 g NaOH，用蒸馏水溶解并定容至 1 000 mL。

(7)镊子(竹夹)，醋酸纤维素薄膜(厚度约为 120 μm)，滤纸，铅笔与直尺，点样器或毛细管，电泳仪与水平电泳槽，分光光度计。

【操作步骤】

1. 仪器和薄膜的准备

(1)醋酸纤维素薄膜的湿润和选择：将薄膜(规格 2 cm×8 cm，或根据情况自行裁剪制备)漂在缓冲液液面上浸润。若迅速湿润后，整条薄膜的颜色一致而无白色斑点，则表明薄膜质地均匀。然后用竹夹或镊子轻轻地将薄膜完全浸入缓冲液中，待薄膜完全浸透后使用，一般至少需要浸泡 20 min 左右。

(2)制作电桥：将电极缓冲液倒入水平电泳槽的两边，使两个电极槽内的液面等高(可用虹吸管平衡两边的液面)。根据电泳槽的纵向尺寸，在两电极槽分别放入四层滤纸，一端浸入缓冲液中，另一端则贴附在电泳槽的支架上(用缓冲液将滤纸全部润湿并驱除气泡，使滤纸紧贴在支架上，即为滤纸桥)，其作用是联系薄膜与两电极缓冲液(图 6-1)。

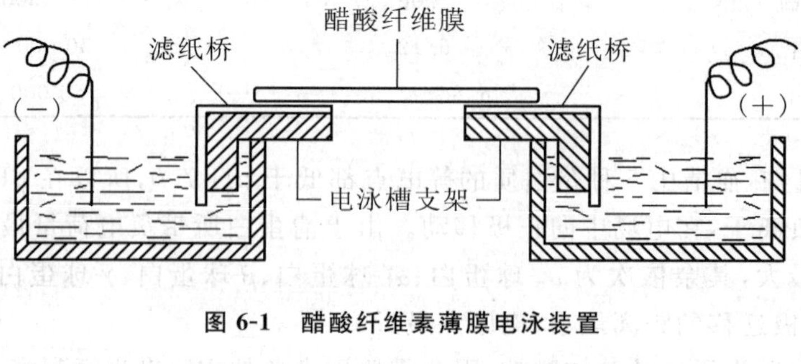

图 6-1 醋酸纤维素薄膜电泳装置

2. 点样与电泳 取出浸透的醋酸纤维素薄膜，识别无光泽面，平放在滤纸上(无光泽面朝上),用滤纸吸去多余的缓冲液,或者直接用两张滤纸夹住薄膜以吸干缓冲液。然后在无光泽面上距膜一端 1.5 cm 处用铅笔直尺划一点样直线,作为点样区。

取干净的点样器,将血清均匀涂抹在点样器的边缘,然后将此边缘与薄膜上的点样区轻轻地接触点样。也可用毛细管吸血清,然后在点样直线上画线点样。待样品渗入膜内后,用镊子将薄膜无光泽面(即点样一面)反扣在电泳槽上正负极滤纸桥上,使薄膜的点样端位于负极,且薄膜要绷紧,中央不出现凹面。平衡 10 min 后,打开电泳仪开关,调节电压为 90～110 V,电流为 0.4～0.6 mA/cm,电泳 40～60 min。

3. 染色与漂洗　电泳结束后,关闭电泳仪。用镊子取出醋酸纤维素薄膜,将薄膜浸入染色液中,染色 5～10 min,取出,再放入盛有漂洗液的培养皿中漂洗。每隔 10 min 左右换一次漂洗液,连续数次,直至背景颜色脱去为止。此时将醋酸纤维素薄膜夹在滤纸中吸干,即可观察到薄膜上清晰的电泳图谱。

4. 结果判断　漂洗后,薄膜上可呈现清晰的 5 条区带,由正极端起,依次为清蛋白、α_1-球蛋白、α_2-球蛋白、β-球蛋白、γ-球蛋白。

5. 透明　将用滤纸吸干的醋酸纤维素薄膜浸入透明液甲液中,2 min 后立即取出,再将之浸入透明液乙液中,准确浸泡 1 min 后,迅速取出薄膜,并将之紧贴在玻璃板上,赶走气泡。2～3 min 内薄膜完全透明。待干后置于切片盒中,可长期保存。

6. 定量分析　可利用洗脱法或光密度扫描法,测得各蛋白质组分的相对百分含量。

(1)洗脱法:将漂洗干净而未透明的电泳图谱的各区带剪下,并剪一段无蛋白质区带的薄膜作为空白,分别浸于盛有 4 mL 的 0.4 mol/L NaOH 溶液的试管中,摇匀,37℃水浴中保温 30 min,每隔 10 min 摇动 1 次。然后以无蛋白区带的试管为空白调“0”,在 620 nm 波长下比色,分别测出各管的吸光度($A_{清}$、$A_{1\alpha}$、$A_{2\alpha}$、A_{β}、A_{γ}),它们的总和为总吸光度($A_{总}$)。按下列方法计算血清中各种蛋白质所占的百分率。

$$A_{总}=A_{清}+A_{1\alpha}+A_{2\alpha}+A_{\beta}+A_{\gamma}$$

$$清蛋白=A_{清}/A_{总}\times100\%$$

$$\alpha_1\text{-球蛋白}=A_{1\alpha}/A_{总}\times100\%$$

$$\alpha_2\text{-球蛋白}=A_{2\alpha}/A_{总}\times100\%$$

$$\beta\text{-球蛋白}=A_{\beta}/A_{总}\times100\%$$

$$\gamma\text{-球蛋白}=A_{\gamma}/A_{总}\times100\%$$

(2)密度计法:将已透明好的薄膜电泳图谱放入自动扫描光密度计内,在记录仪上自动绘出血清蛋白质各组分曲线图,横坐标为薄膜长度,纵坐标为吸光度,每个峰代表一种蛋白质组分。以峰的面积计算血清中各蛋白质的百分含量。

【思考题】

1. 电泳时为什么要将点样一端放在电泳槽的负极端?
2. 醋酸纤维素薄膜电泳分离血清蛋白质的实验操作中,应注意些什么问题?

实验十一 蛋白质的含量测定

蛋白质的定量分析是生物化学和其他生命科学研究中最常用的实验方法。蛋白质是一种十分重要的生物大分子，其种类繁多，结构不均一，相对分子质量相差很大，功能各异，这样给建立一个理想而又通用的蛋白质定量分析的方法带来困难。目前测定蛋白质含量的方法很多，但每种方法都有其特点和局限性。本实验介绍 4 种实验室最常用的方法。

Ⅰ. 双缩脲法

【实验目的】

1. 掌握双缩脲法测定蛋白质含量的原理和方法。

2. 掌握分光光度计的使用方法。

【基本原理】

碱性溶液中双缩脲（NH_2—CO—NH—CO—NH_2）能与 Cu^{2+} 形成紫红色的络合物，这一反应称为“双缩脲反应”。蛋白质分子中的肽键也能与 Cu^{2+} 发生双缩脲反应，在 540 nm 处有最大吸收。在一定的浓度范围内，蛋白质浓度与双缩脲反应所呈的颜色深浅成正比，可用比色法定量测定。

双缩脲法常用于快速但不要求十分精确的测定。硫酸铵不干扰此呈色反应，但 Tris、EDTA 等会干扰该测定。

【试剂与器材】

(1)双缩脲试剂：取 1.50 g 硫酸铜($CuSO_4 \cdot 5H_2O$)和 6.0 g 酒石酸钾钠($NaKC_2H_4O_6 \cdot 4H_2O$)溶于 500 mL 蒸馏水中，在搅拌下加入 10% 的 NaOH 溶液 300 mL，并定容至 1 000 mL，贮存于塑料瓶中（或内壁涂以石蜡的瓶中）。此试剂可长期保存。当有黑色沉淀出现时不能使用。

(2)标准溶液：配制 2 mg/mL 的牛血清白蛋白溶液。

(3)样品液：可选用血清或蛋清的 100 倍稀释液。

(4)可见分光光度计。

【操作步骤】

1. 标准曲线的绘制

(1)取 6 只 10 mL 容量瓶编号，配制 6 种不同浓度的牛血清白蛋白溶液，浓度分别为：0.2 mg/mL、0.4 mg/mL、0.6 mg/mL、0.8 mg/mL 、1.0 mg/mL 和 1.2 mg/mL。

(2)取干净试管 7 支，按 0、1、2、3、4、5、6 编号，1～6 号管分别加入上述不同浓度的蛋白质溶液 3.0 mL，0 号加入 3.0 mL 蒸馏水为对照管。然后各管加入双缩脲试剂 2.0 mL，充分混匀，即有紫红色出现，在 540 nm 处测定各管吸光度，绘制浓度-吸光度标准曲线。

2. 样品液测定　取未知浓度的蛋白质溶液（样品液）3.0 mL 置于试管内，加入双缩脲试剂 2.0 mL，混匀，测其 540 nm 的吸光度，对照标准曲线求得未知液蛋白质含量，然后乘以稀释倍数。

Ⅱ. Folin-酚试剂法

【实验目的】

1. 熟悉并掌握 Folin-酚试剂法测定蛋白质浓度的原理和方法。

2. 掌握分光光度计的使用方法。

【基本原理】

用 Folin-酚试剂测定蛋白质浓度的方法灵敏度较高，所以被广泛使用。该试剂由双缩脲试剂和酚试剂两部分组成。首先是在碱性条件下蛋白质与 Cu^{2+} 作用生成络合物，此络合物可还原酚试剂（磷钼酸和磷钨酸试剂），生成蓝色化合物（钼蓝和钨蓝混合物），且颜色深浅与蛋白质的含量成正比关系，可用比色法来测定。此法也适用于酪氨酸或色氨酸的定量测定。

【试剂与器材】

（1）Folin-酚试剂 A：将 1 g 无水碳酸钠（Na_2CO_3）溶于 50 mL 0.1 mol/L 的 NaOH 溶液中；另将 0.5 g 硫酸铜（$CuSO_4 \cdot 5H_2O$）溶于 100 mL 1%酒石酸钾（或酒石酸钠）溶液中。然后取前者 50 mL 与硫酸铜-酒石酸钾溶液 1 mL 混合，混合后的溶液当日内有效。

（2）Folin-酚试剂 B：将 100 g 钨酸钠（$Na_2WO_4 \cdot 2H_2O$）、25 g 钼酸钠（$Na_2MoO_4 \cdot 2H_2O$）、700 mL 蒸馏水、50 mL 85%磷酸及 100 mL 浓盐酸置于 1 500 mL 磨口圆底烧瓶中，充分混匀后，接上回流冷凝管，小火回流 10 h。回流完毕，再加入 150 g 硫酸锂、50 mL 蒸馏水及数滴溴水，开口继续煮沸 15 min，驱除过量的溴（在通风橱内进行）。冷却后稀释至 1 000 mL，过滤，滤液呈微绿色，贮于棕色瓶中。临用前，用标准 NaOH 溶液滴定，用酚酞作指示剂（由于试剂微绿，影响滴定终点的观察，可将试剂稀释 100 倍再滴定）。根据滴定结果，将试剂稀释至相当于 1 mol/L 的酸（稀释 1 倍左右），贮于冰箱中可长期保存。

（3）标准溶液：配制 250 μg/mL 的牛血清白蛋白溶液。

（4）样品液：可选用血清或蛋清的 100 倍稀释液。

（5）可见分光光度计。

【操作步骤】

1. 标准曲线的绘制　取 6 支干净试管编号，按表 6-2 加入试剂。

表 6-2　Folin-酚试剂法测定蛋白质浓度的标准曲线绘制

管　号	1	2	3	4	5	6
标准溶液（mL）	0	0.2	0.4	0.6	0.8	1.0
蒸馏水（mL）	1.0	0.8	0.6	0.4	0.2	0
蛋白质含量（g）	0	50	100	150	200	250

然后各管加入 Folin-酚试剂 A 5 mL，混匀，室温放置 10 min，各管再加入 Folin-酚试剂 B 0.5 mL，并立即混匀，30 min 后以 1 号管为对照，500 nm 波长下比色，作吸光度-蛋白质浓度曲线。

2. 样品液测定　准确吸取样品液 1.0 mL 置干净试管内，加入 5 mL Folin-酚试剂 A，10 min后，再加试剂 B 0.5 mL，30 min 后比色（500 nm），对照标准曲线求出样品液蛋白质浓度，再乘以稀释倍数。

Ⅲ. 紫外光吸收法

【实验目的】

1. 学习用紫外光吸收法测定蛋白质含量的方法。

2. 掌握紫外分光光度计的使用方法。

【基本原理】

蛋白质分子中一般都含有酪氨酸、色氨酸和苯丙氨酸等芳香族氨基酸残基，它们的结构中具有共轭双键，对紫外光有吸收作用，其最大值在 280 nm 波长处。在此波长附近，蛋白质溶液的光吸收值与其含量（范围是 0.1～1.0 mg/mL）成正比，因此，280 nm 的光吸收法可用作蛋白质的定量测定。若将已知不同浓度的蛋白质标准溶液在 280 nm 处测定，并作标准曲线，即可求得未知溶液的蛋白质浓度。此法测定迅速，用量较少，而且不消耗样品和试剂。但若样品中含有其他在 280 nm 吸收的物质，如嘌呤、嘧啶等化合物时，就有干扰作用。

由于核酸在 280 nm 波长处也有光吸收，对蛋白质测定有一定的干扰作用。但核酸的最大吸收峰在 260 nm 处，若同时测定 260 nm 的光吸收，通过计算可以消除其对蛋白质定量测定的影响。因此，若溶液中存在核酸时，必须同时测定 280 nm 及 260 nm 的吸光度，方可通过计算测得溶液中的蛋白质浓度。

【试剂与器材】

(1)标准蛋白质溶液：准确称取经凯氏定氮法校正的结晶牛血清白蛋白，配制成浓度为 1 mg/mL 的溶液。

(2)待测蛋白质溶液：取样品适当稀释到标准曲线浓度范围内。

(3)紫外分光光度计。

【操作步骤】

1. 280 nm 的光吸收法

(1)标准曲线的绘制：取 6 支试管，编号后按表 6-3 加入试剂。

表 6-3 紫外吸收法测定蛋白质浓度的标准曲线绘制

管 号	1	2	3	4	5	6
标准蛋白质溶液(mL)	0	1.0	2.0	3.0	4.0	5.0
蒸馏水(mL)	5	4	3	2	1	0
蛋白质浓度 (mg/mL)	0	0.2	0.4	0.6	0.8	1.0

混匀，选用光程为 1 cm 的石英比色杯，在紫外分光光度计 280 nm 波长处以 1 号管调“0”，分别测定各管溶液的吸光度(A_{280})。以纵坐标为吸光度值，横坐标为蛋白质浓度绘出标准曲线。

(2)样品测定：取待测蛋白质溶液，按上述方法测定 280 nm 波长处的吸光度值，并从标准曲线上查出待测蛋白质的浓度。如果待测蛋白质样品进行了稀释，结果要乘以稀释倍数。

2. 280 nm 和 260 nm 的吸收差法 将待测的蛋白质溶液稀释到吸光度在 0.2～2.0 之间，在波长 280 nm 和 260 nm 处以相应的溶液作空白对照，分别测得待测样品的吸光度值(A_{280}和 A_{260})。应用 280 nm 和 260 nm 的吸收差法经验公式直接计算出蛋白质浓度：

$$蛋白质浓度(mg/mL)=1.45\ A_{280\ nm}-0.74\ A_{260\ nm}$$

Ⅳ.考马斯亮蓝结合法

【实验目的】

掌握考马斯亮蓝 G-250 结合法测定蛋白质含量的原理,了解分光光度计在比色法中的应用。

【基本原理】

考马斯亮蓝 G-250 是一种染料,在游离状态下呈红色,最大吸收峰在 465 nm。它能与蛋白质的疏水微区相结合,这种结合具有高敏感性。当它与蛋白质结合形成复合物时呈蓝色,其最大吸收峰改变为 595 nm,在一定范围内,吸光度与蛋白质含量呈直线关系,故可以用于蛋白质浓度的测定。一些阳离子如 K^+、Na^+、Mg^{2+}、乙醇等物质对测定无影响,而大量的去污剂如 SDS 等会严重干扰测定。

【试剂与器材】

(1)0.9%NaCl 溶液。

(2)标准蛋白质溶液:牛血清白蛋白(0.1 mg/mL),准确称取牛血清白蛋白 0.1 g,用 0.9%NaCl 溶液溶解稀释至 1 000 mL。

(3)染液:考马斯亮蓝 G-250(0.01%),称取 0.1 g 考马斯亮蓝 G-250 溶于 50 mL 95%乙醇中,再加入 100 mL 浓磷酸,然后加蒸馏水定容至 1 000 mL。

(4)样品液:取蛋白溶液,用 0.9%NaCl 溶液稀释至一定浓度。

(5)可见分光光度计。

【操作步骤】

1. 标准曲线的绘制　取 7 支干净试管,按表 6-4 进行编号并加入试剂,混匀,室温静置 3 min,以第一管为空白,于波长 595 nm 处比色,读取吸光度为纵坐标,各标准液浓度(μg/mL)为横坐标作图绘制标准曲线。

表 6-4　考马斯亮蓝结合法测定蛋白质浓度的标准曲线

编 号	1	2	3	4	5	6	7
标准蛋白质溶液(mL)	0	0.1	0.2	0.3	0.4	0.6	0.8
0.9%NaCl 溶液(mL)	1.0	0.9	0.8	0.7	0.6	0.4	0.2
考马斯亮蓝染液(mL)	4.0	4.0	4.0	4.0	4.0	4.0	4.0
蛋白质浓度(μg/mL)	0	10	20	30	40	60	80

2. 样品液的测定　另取一支干净试管,加入样品液 1.0 mL 及考马斯亮蓝染液 4.0 mL,混匀,室温静置 3 min,于波长 595 nm 处比色,读取吸光度,由样品液的吸光度查标准曲线即可求出含量。如果样品进行了稀释,结果要乘以稀释倍数。

【思考题】

1. 根据其原理,比较以上四种蛋白质含量测定方法的优缺点。

2. 如何正确使用分光光度计?可见分光光度计与紫外分光光度计的使用有什么区别?

实验十二　血清尿素氮(BUN)的测定(二乙酰一肟法)

【实验目的】

掌握测定血清尿素氮的方法。

【基本原理】

尿素合成是通过鸟氨酸循环完成的。正常情况下,机体通过合适的速度合成尿素,以保证及时、充分地解除氨毒。尿素合成的速度可受多种因素的调节。

尿素与二乙酰一肟在酸性环境中经 Fe^{3+} 的催化,在氨基硫脲的存在下缩合生成红色化合物,用此颜色可直接测定血清或血浆中尿素氮的含量,而不必先除去血浆蛋白质。

加入氨基硫脲能提高本法的灵敏度,还能增加显色的稳定性(增加红色化合物对光的稳定性)。

在氨基硫脲的存在下缩合生成红色二嗪化合物,其颜色深浅与尿素氮含量成正比。用同样处理的尿素氮标准管比较,可求出尿素氮含量。用此颜色可直接测定血清或血浆中尿素氮的含量,而不必先除去血浆蛋白质。

尿素氮测定方法多种,以二乙酰一肟法及脲酶法常用。后者准确性高,为高精度实验的良好方法,但过于烦锁,费时,难以普及。本方法不失为较简便、准确的可行方法。

血清尿素氮的测定与非蛋白氮测定意义几乎相同,但比非蛋白氮(NPN)测定简便得多,故临床上已逐步以尿素氮测定取代非蛋白氮测定。

【试剂与器材】

(1)尿素显色剂

一液:将 H_2SO_4(AR)50 mL、H_3PO_4(AR)50 mL 缓缓倒入 800 mL 水中,再加入 100 g/L $FeCl_3 \cdot 6H_2O$ 溶液 0.05 mL,最后移入 1 000 mL 容量瓶中,加水至刻度。

二液:氨基硫脲 0.4 g,二乙酰一肟 2.0 g,加水溶解,最后稀释至 100 mL。

将一液与二液等量混合后,置冰箱保存。

(2)尿素标准贮存液:称取干燥尿素 1.072 0 g,加水溶解、定容至 100 mL。

(3)尿素标准应用液:取 4 mL 贮存液准确加水稀释至 100 mL。此应用液尿素浓度为 17.85 mmol/L。

(4)分光光度计,电炉。

【操作步骤】

取试管三支,编号,按表 6-5 加入试剂。

表 6-5　血清尿素氮的显色反应　　mL

管 号	空白管	标准管	测定管
血清	0	0	0.1
尿素标准应用液	0	0.1	0
尿素显色剂	6.1	6.0	6.0

混匀后，置沸水浴 10 min，取出置流水中冷却后，用 520 nm 波长，以空白管调"0"，测定吸光度。

【计算】

$$血清尿素(mmol/L)=\frac{A_{测定}}{A_{标准}}\times 17.85\times\frac{1}{2.5}$$

【注意事项】

比色应在 0.5 h 内完成；若超过 2 h 才比色，会因吸光度下降而影响结果准确性。

【思考题】

测定血清尿素氮有何临床意义？

实验十三　氨基酸纸上层析

【实验目的】

学习并掌握氨基酸纸层析的原理和方法。

【基本原理】

用滤纸为支持物进行层析的方法，称为纸层析法。纸层析所用展层溶剂大多由水和有机溶剂组成，滤纸纤维与水的亲和力强，与有机溶剂的亲和力弱。因此，在展层时，水是固定相，有机溶剂是流动相。溶剂由下向上移动，称上行法；由上向下移动，称下行法。将样品点在滤纸上（此点称为原点），进行展层，样品中的各种氨基酸在两相溶剂中不断进行分配。由于它们的分配系数不同，不同氨基酸随流动相移动的速率就不同，于是就将这些氨基酸分离开来，形成距原点距离不等的层析点。

溶质在滤纸上的移动速率用 R_f 值（比移值）表示：

$$R_f=\frac{\text{原点到层析点中心的距离}}{\text{原点到溶剂前沿的距离}}$$

只要条件（如温度、展层溶剂的组成）不变，R_f 值是常数，故可根据 R_f 值作定性依据。样品中如有多种氨基酸，其中某些氨基酸的 R_f 值相同或相近，此时如只用一种溶剂展层，就不能将它们分开。为此，当用一种溶剂展层后，将滤纸转动 90°，再用另一溶剂展层，从而达到分离的目的，这种方法称为双向纸层析法。

氨基酸无色，利用茚三酮反应，可将氨基酸层析点显色作定性、定量分析。

【试剂与器材】

(1)氨基酸标准液：取苯丙氨酸、丙氨酸、酪氨酸、赖氨酸、谷氨酸（可任意选取几种氨基酸）用 0.01 mol/L 的 HCl 分别按 1 mg/mL 的浓度配制；氨基酸混合液：以上每种氨基酸按每毫升中含 0.5 mg 的浓度配制成混合液。

(2)溶剂系统：

①碱相溶剂：V［正丁醇(A. R.)］∶V(12%氨水)∶V(95%乙醇)＝13∶3∶3。

②酸相溶剂：V［正丁醇(A. R.)］∶V(80%甲酸)∶V(水)＝15∶3∶2。

(3)显色贮备液：V(0.4 mol/L 茚三酮-异丙醇)∶V(甲酸)∶V(水)＝20∶1∶5。

(4)硫酸铜-乙醇溶液：0.1%硫酸铜∶75%乙醇(V/V)＝2∶38 溶液。临用前按比例混合。

(5)双向层析样品：混合氨基酸溶液（蛋清或血粉水解后的氨基酸干粉）5 mg/mL。

(6)层析滤纸，尺子，铅笔，培养皿，层析缸，微量注射器(10 μL)，电吹风，可见分光光度计。

【操作步骤】

1. 标准氨基酸单向上行层析法

(1)滤纸准备：选用新华 1 号滤纸，裁成 15 cm×18 cm 的长方形，在距纸一端 2 cm 处画一基线，在线上每隔 2～3 cm，画一小点作点样的原点（注意用铅笔画），见图 6-2。

(2)点样：氨基酸点样量以每种氨基酸含 5～20 μg 为宜，用微量注射器或毛细管，吸取氨基酸样品约 10 μL 点于原点（分批点完），点子直径不能超过 0.5 cm，边点样边用电吹风冷风吹干。

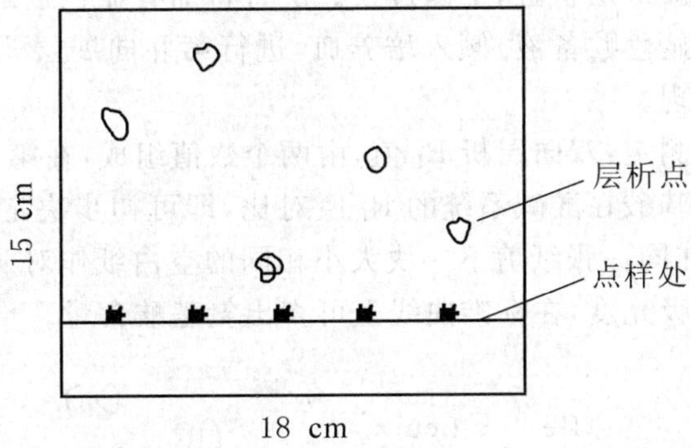

图 6-2　单向上行层析

(3)展层和显色：将点好样的滤纸卷成圆筒，用白线缝好，原点在下端，浸立在事先装好展层剂的培养皿内，不需平衡，立即展层。展层剂为酸性溶剂系统：V(正丁醇)：V(甲酸)：V(水)＝15：3：2。事先把展层剂混匀，倒入培养皿内，同时加入显色贮备液(每 10 mL 展层剂加 0.1～0.5 mL 的显色贮备液)进行展层，展层时可用大烧杯倒扣封闭。当溶剂展层至距滤纸上沿 1～2 cm 时，取出滤纸，热风吹干，层析斑点即显蓝紫色。用铅笔圈画层析斑点，可进行定性、定量测定。见图 6-2。

2. 混合氨基酸双向上行纸层析

(1)滤纸准备：将滤纸裁成 28 cm×28 cm 的正方形，距滤纸相邻两边各 2 cm 处的交点上，用铅笔轻画一点，作点样用。

(2)点样：取混合氨基酸溶液(5 mg/mL)10～15 μL，分次点于原点，见图 6-3。

(3)展层和显色：将点好的滤纸卷成圆筒，用线缝好或用胶带粘好，竖立在层析缸内的培养皿中，原点应在下端(图 6-4)。置少量 12% 氨水于小烧杯中，盖好层析缸，平衡过夜。次日，取出氨水，加适量碱相(第Ⅰ向)溶剂于培养皿中，盖好层析缸，上行展层，当溶剂前沿距滤纸上端

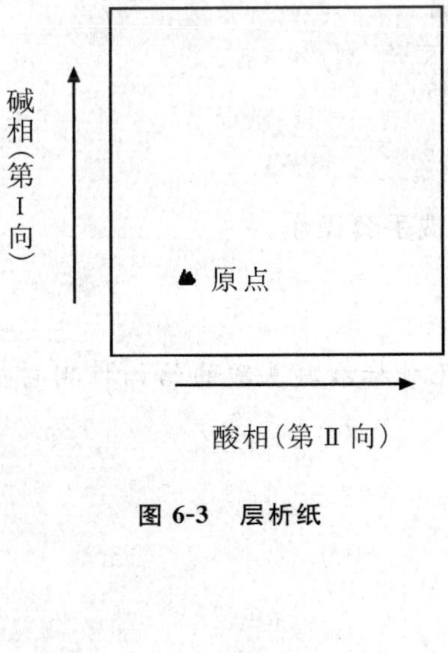

图 6-3　层析纸

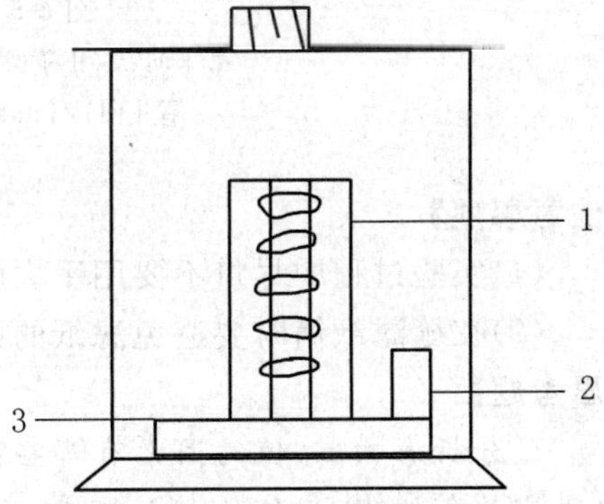

图 6-4　纸层析装置

1. 层析纸；2. 平衡溶液；3. 培养皿

1～2 cm时，取出滤纸，冷风吹干。将滤纸转90°，再卷成圆筒状，竖立于干净培养皿中，并于小烧杯中置少量酸相溶剂，盖好层析缸，平衡过夜。次日将加有显色剂的酸相溶剂（每10 mL展层剂加0.1～0.5 mL的显色贮备液）倾入培养皿，进行第Ⅱ向展层。展层毕，取出滤纸，用热风吹干，蓝紫色斑点即显现。

（4）定性鉴定与定量测定：双向层析 R_f 值，由两个数值组成，在第Ⅰ向计量一次，第Ⅱ向计量一次，分别与已知的氨基酸在酸碱系统的 R_f 值对比，即可初步决定它为何种氨基酸的斑点（图6-5）。将斑点剪下，在同一张纸剪下一块大小相同的空白纸作对照，用硫酸铜-乙醇溶液洗脱，用分光光度计测定其吸光度，在标准曲线上可查出氨基酸含量。

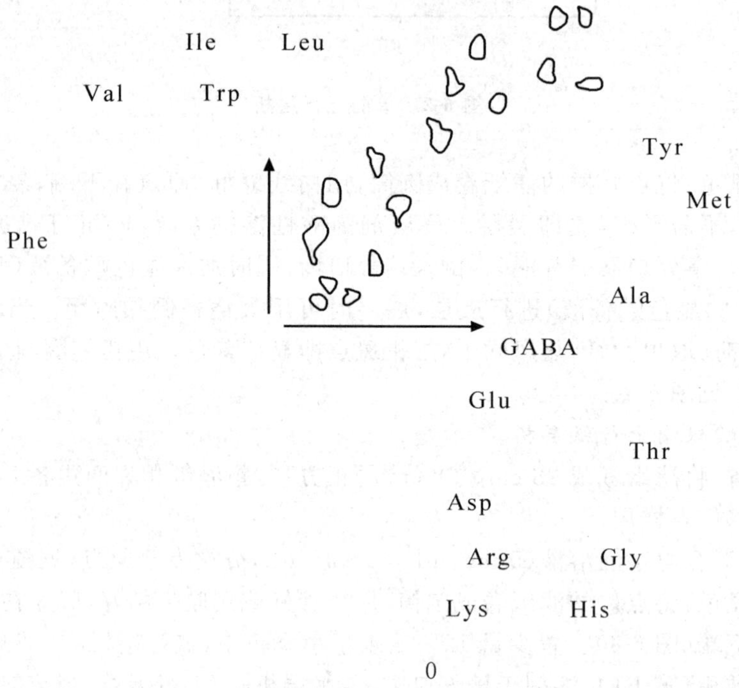

图6-5 氨基酸双向室温纸层析图谱

第Ⅰ向：V(正丁醇)∶V(12%氨水)∶V(95%乙醇)＝13∶3∶3

第Ⅱ向：V(正丁醇)∶V(80%甲酸)∶V(水)＝15∶3∶2

【注意事项】

（1）实验过程中尽量不要用手去触摸层析滤纸，有条件的戴手套操作。

（2）在缝滤纸筒时要避免滤纸的两端完全接触。

【思考题】

1. 分析影响 R_f 值的因素有哪些？根据单向上行层析中几种标准氨基酸的结构推测它们在本实验条件下 R_f 值的大小顺序，并说明理由。

2. 展层剂中各组分的作用是什么？

第七章　核酸实验内容

实验十四　动物组织DNA提取

【实验目的】

掌握从动物组织中分离DNA的基本原理和方法。

【基本原理】

核酸和蛋白质是构成生物有机体的主要成分。核酸分为DNA(脱氧核糖核酸)和RNA(核糖核酸),前者主要存在于细胞核中。

在细胞中,DNA与蛋白质形成脱氧核糖核蛋白,RNA与蛋白质形成核糖核蛋白。在提取过程中这两种核蛋白会混在一起。

提取DNA的方法很多,其中盐溶法较常用。它根据DNA核蛋白和RNA核蛋白在不同浓度的盐溶液中具有不同的溶解度这一特点来进行分离提取工作。实验证明,在0.15 mol/L NaCl溶液中,DNA核蛋白的溶解度最小,仅为在纯水中的1%左右,而RNA核蛋白的溶解度最大;但在1 mol/L NaCl溶液中,DNA核蛋白的溶解度却增大,至少是在纯水中的两倍,而RNA核蛋白的溶解度则明显下降。利用此性质即可把两种核蛋白分开,以利于后续的提取工作。

由于核酸极不稳定,在较剧烈的化学、物理因素和酶的作用下很容易被降解,因此在制备过程中应注意防止过酸、过碱及其他能引起核酸降解的因素的作用。由于组织中广泛存在DNA核酸酶(DNase),故全部提取过程应在低温下(4℃以下)操作,并加入柠檬酸盐、EDTA等核酸酶的抑制剂(可螯合除去DNase活性所需的Mg^{2+}),以防止其降解作用。

分离得到DNA核蛋白后,应进一步用十二烷基硫酸钠(SDS)使蛋白质变性,用含有异戊醇的氯仿除去变性的蛋白质,以得到游离的DNA。也可用苯酚将蛋白除去。最后利用DNA微溶于水而不溶于有机溶剂的性质,用预冷的95%的乙醇从溶液中把DNA沉淀出来。

DNA分子大而长,其水溶液呈黏稠状,可用玻璃棒搅缠起来。为了获得大的DNA分子,在实验中应尽量避免剧烈震荡、用力过猛。不可用口径小的滴管、吸头吸取转移DNA溶液。

动物的胸腺、肝脏、脾、肾、精子以及植物叶片与种子、细菌等都是实验室中提取DNA常用的材料。

【试剂与器材】

(1)0.15 mol/L NaCl-0.015 mol/L柠檬酸钠溶液(pH 7.0):称取8.77 g NaCl 、4.41 g柠檬酸钠,用蒸馏水溶解,调节pH值至7.0,稀释至1 000 mL。

(2)0.15 mol/L NaCl-0.1 mol/L EDTA-Na_2溶液(pH 8.0):称取8.77 g NaCl、37.2 g EDTA-Na_2溶于800 mL蒸馏水中,以0.1 mol/L NaOH调至pH 8.0,最后定容至1 000 mL。

(3)5 mol/L NaCl:称取292.2 g NaCl溶于800 mL蒸馏水中,最后定容至1 000 mL。

(4)5%SDS溶液(*W*/*V*):称取5 g SDS,溶至100 mL的45%乙醇中。

(5)氯仿-异戊醇溶液:按氯仿∶异戊醇=24∶1(V/V)配制。

(6)95%乙醇,75%乙醇。

(7)组织捣碎机(或玻璃匀浆器),移液管,离心机,锥形瓶,天平,容量瓶,剪刀。

【操作步骤】

(1)本实验以鸡或兔肝脏为材料。实验前实验动物应饥饿 12 h 以上,以避免肝糖原的干扰。

(2)重击饥饿的动物头部至昏,剪断其颈部放血,迅速开腹,取出肝脏。将肝脏浸入预先在冰盐溶液中冷却的 0.15 mol/L NaCl-0.015 mol/L 柠檬酸钠溶液中,除去脂肪、血块等杂物。再用预冷的该溶液反复洗几次,直至组织无血为止。称取 10 g 肝组织。

(3)低温下迅速把洗净的组织块剪成碎块后,加入 10 mL 0.15 mol/L NaCl-0.015 mol/L 柠檬酸钠溶液中,在组织捣碎机中迅速捣成匀浆。然后再用玻璃匀浆器匀浆 2~3 次使细胞破碎,最后加入缓冲液至 50 mL。

(4)将组织匀浆在 4℃下 6 000 r/min 离心 15 min,弃上清(可用于制备 RNA)。往沉淀物中再加入 2 倍体积预冷的 0.15 mol/L NaCl-0.015 mol/L 柠檬酸钠溶液,搅匀,离心,弃上清液。如此操作,重复 2 次。

(5)将离心后所得沉淀物悬于 5 倍沉淀物体积的 pH 8.0 的 0.15 mol/L NaCl-0.1 mol/L $EDTA-Na_2$ 溶液中,而后边搅拌边慢慢滴加 5%SDS 溶液,直至 SDS 的最后终浓度达 1%为止。然后边搅拌边慢慢滴加 5 mol/L NaCl 溶液,使其最终浓度达 1 mol/L。继续不断搅拌,此时可见溶液由黏稠变稀薄。

(6)将上述混合溶液倒入一个 300 mL 磨口三角瓶里,加入等体积的氯仿-异戊醇,剧烈振荡 20 min,再于室温 3 000 r/min 离心 10 min。此时可见,离心管中分为三层,上层水溶液,中层变性蛋白,下层氯仿-异戊醇。

取出上层水溶液后,再加入等体积的氯仿-异戊醇,剧烈振荡 20 min,再于室温 3 000 r/min 离心 10 min。如此重复,直至中间蛋白质层消失。

(7)最后一次离心后,小心吸取上层水溶液,记录体积,放入小烧杯中。加入 2 倍体积预冷的 95%乙醇(加入时,用滴管吸取乙醇),边加边用玻璃棒慢慢朝一个方向在烧杯内搅拌。此时可不断见到有黏稠状物质(此即 DNA)逐渐缠于玻璃棒上。

如此滴加乙醇并慢慢搅拌,直至不再有此黏稠状物质出现为止。

(8)将所得 DNA 样品用 75%乙醇洗 2 次,真空抽干称重,计算产率。

【注意事项】

(1)尽量简化操作步骤,缩短提取过程,以减少各种有害因素对核酸的破坏。

(2)核酸在剧烈的化学、物理因素或酶的作用下很容易降解,因此制备核酸时的操作条件要求低温,避免过酸、过碱或机械剪切力对核酸链中磷酸二酯键的破坏。

(3)为防止细胞内外的各种核酸酶对核酸的生物降解,提取过程除保持低温操作外,必要时可加入抑制剂如柠檬酸盐、氟化物、砷酸盐、EDTA 等抑制 DNA 酶的活性。

(4)沉淀 DNA 通常使用冰乙醇。也可用异丙醇,其沉淀完全、速度快,但常把盐沉淀下来。

【思考题】

1. 根据核酸在细胞内的分布、存在方式及其特性,提取过程中可以采取什么相应的措施?
2. 氯仿-异戊醇的作用是什么?

实验十五　DNA的定量测定(二苯胺法)

【实验目的】

掌握用二苯胺法定量测定DNA含量的基本原理和方法。

【基本原理】

在酸性环境中加热,DNA被水解为嘌呤、脱氧核糖和脱氧嘧啶核苷酸。其中脱氧核糖在酸性条件下,脱水生成ω-羟基-γ-酮基戊糖,后者与二苯胺作用呈现蓝色,在595 nm处有最大光吸收。当样品中DNA的含量在40～400 μg范围内时,光密度与DNA的浓度成正比。

样品中含有少量RNA不影响测定结果,但是蛋白质、脱氧核糖、阿拉伯糖和芳香醛等能与二苯胺形成各种有色物质,干扰结果。

在反应中加入少量乙醛,可以提高反应灵敏度。

【试剂与器材】

(1)DNA标准液:称取DNA(钠盐),用0.02 mol/L NaOH溶液配成200 μg/mL的溶液。

(2)二苯胺试剂:称取1 g结晶二苯胺,溶于100 mL分析纯的冰乙酸中,再加入浓度不低于60%的过氯酸10 mL,混匀待用。临用前加入1 mL 1.6%乙醛溶液,配得的试剂应为无色。

(3)样品测定液:准确称取干燥的DNA制品,用0.02 mol/L NaOH溶液配成100 μg/mL左右的溶液。

(4)试管与试管架,吸管与洗耳球,可见分光光度计,天平等。

【操作步骤】

1. DNA标准曲线的制作

(1)取6支洁净干燥的试管,按表7-1加入试剂。

(2)混匀后,于60℃水浴中保温1 h。

(3)冷却至室温后,用分光光度计测定吸光值$A_{595\ nm}$。

(4)以DNA浓度为横坐标,吸光值$A_{595\ nm}$为纵坐标,绘制标准曲线。

表7-1　DNA的呈色反应　　mL

编号	1	2	3	4	5	6
标准DNA溶液	—	0.4	0.8	1.2	1.6	2.0
蒸馏水	2.0	1.6	1.2	0.8	0.4	—
二苯胺试剂	4.0	4.0	4.0	4.0	4.0	4.0

2. 样品DNA含量测定

(1)取2支试管,各加入2 mL待测溶液,各加入4 mL二苯胺试剂。

(2)混匀后,于60℃水浴中保温1 h。

(3)冷却至室温后,用分光光度计测定吸光值$A_{595\ nm}$。

(4)对照标准曲线计算样品中DNA的含量。

【注意事项】

(1)待测溶液内含DNA量应调整至标准曲线可测定范围内。

(2)二苯胺法测定DNA含量灵敏度不高,待测样品中DNA含量低于50 mg/L即难于测定。加入乙醛既可增加二苯胺测定DNA的显色量,又可减少脱氧木糖和阿拉伯糖等的干扰,能显著提高测定的灵敏度。

(3)样品中含有少量RNA并不影响测定,但因蛋白质、多种糖及其衍生物、芳香醛和羟基醛等能与二苯胺反应形成有色化合物,故能干扰DNA的含量。

【数据处理】

$$\text{DNA 含量}=\frac{\text{待测溶液中测得 DNA 质量}(\mu g)}{\text{待测溶液中样品质量}(\mu g)}\times 100\%$$

【思考题】

1. 如何定性判断某些样品是否含有核酸?
2. 实验中加入乙醛的目的是什么?

实验十六　动物肝脏总 RNA 的制备

【实验目的】

掌握从动物组织中分离 RNA 的基本原理和方法。

【基本原理】

生物细胞中 RNA 包括 mRNA、tRNA 和 rRNA。将这三种 RNA 同时制备出来的混合物称为总 RNA。它们也可以分别制备，但方法各异，如 mRNA 就可以在制备得到总 RNA 的基础上，用亲和层析法获得。

RNA 对核糖核酸酶(RNase)极为敏感，极易被该酶降解。所以在破碎细胞、制备 RNA 的过程中，及时使 RNase 变性就显得极为关键。但是，此酶性质十分稳定，即使加热至 95℃，它仍然可以在 10 min 内恢复活力。所以，为了获得完整的 RNA，要求在 4℃以下进行制备，同时要使用各种抑制剂以抑制该酶的活性，常用的抑制剂有苯酚、SDS、肝素、焦碳酸二乙酯、盐酸胍等。此外，实验所需的全部试剂均应高压灭菌或超滤，所用器皿需经高压灭菌或经 200℃烘烤，也可以用焦碳酸二乙酯等处理；操作时需要戴手套，以防污染。

本实验中，将细胞破碎后，先用稀盐溶液(如 0.1 mol/L NaCl)将大部分核糖核蛋白溶解(此时脱氧核糖核蛋白形成沉淀极少溶解)，然后在溶液中及时加入苯酚以使蛋白质变性。离心除去变性蛋白(此时脱氧核糖核蛋白因不溶解也一同除去)，所获得的上清液中主要为 RNA。

用氯仿-异戊醇进一步除去其中遗留的少量蛋白质后，最后利用 RNA 微溶于水而不溶于有机溶剂的性质，用预冷的 95%的乙醇从溶液中把 RNA 沉淀出来。为促进 RNA 的沉淀，可在乙醇中加入乙酸盐作为助沉剂(在用乙醇沉淀小片段 DNA 时也加入乙酸盐助沉)。

制品中的 RNA 的含量可以用紫外吸收法、定磷法测定，以 Folin-酚法测定其蛋白质含量。

【试剂与器材】

(1)SDS-缓冲液[pH 5.0，0.3%(*W*/*V*) SDS-0.1 mol/L NaCl-0.015 mol/L NaAc]：称取 1.5 g SDS，2.92 g NaCl，2.05 g 乙酸钠溶于蒸馏水中，用乙酸调至 pH 5.0，定容至 500 mL。

(2)饱和酚：酚需要新蒸除醌(红色)方能使用。用新蒸酚(酚的沸点为 181.8℃)以等体积 SDS-缓冲液充分颠倒振荡，暗处静置过夜，次日取下层酚液应用。

(3)氯仿-异戊醇：异戊醇＝24∶1(*V*/*V*)。

(4)含 2%(*W*/*V*)乙酸钠的 95%乙醇溶液。

(5)0.9%(*W*/*V*)NaCl 溶液，95%乙醇，无水乙醇，冰、粗盐制成冰盐溶液。

(6)组织捣碎机(或玻璃匀浆器)，移液管，冷冻离心机锥形瓶，天平，容量瓶，剪刀，耐酚腐蚀的离心管等。

【操作步骤】

(1)本实验从鸡肝脏中提取总 RNA(也可用其他动物新鲜材料)。实验前使鸡饥饿 24 h 以上，耗尽肝糖原。

(2)杀鸡及时放血至死后，迅速取出肝脏。称取约 10 g 肝组织，并用预冷的 0.9%NaCl 溶液洗涤，除去血块及其他组织，迅速剪碎。加入 25 mL 预冷的 SDS-缓冲液，用组织捣碎机制成匀浆。

(3)将匀浆及时转入带塞三角瓶，加入 25 mL 饱和酚，剧烈振荡 10 min。然后在 4℃以 6 000 r/min 离心 10 min。此时匀浆会分成三层：上层为清液，中层为变性蛋白质，下层为酚液。

(4)吸取上层清液，量取体积，放入带塞三角瓶，加入等体积氯仿-异戊醇，室温下振荡 10 min，再以 3 000 r/min 离心 5 min，取离心上清液，再重复此步一次。

(5)取离心上清液，量取体积，加入 2 倍体积预冷的 95%乙醇(含 2%乙酸钠)。在冰箱放置 30～60 min 后，即有 RNA 絮状沉淀出现。

(6)将此絮状溶液于 4℃用 3 000 r/min 离心 5 min，弃上清，将沉淀物依次用 95%乙醇 5 mL和无水乙醇各洗一次，离心，弃上清。

(7)真空抽干即可得 RNA 干制品。

【注意事项】

(1)在用肝脏制备 RNA 时，肝糖原在加乙醇后可与 RNA 以絮状共沉淀，很难将两者分开，因此实验动物一定要经过饥饿，耗尽肝糖原，这可减少多糖对提取 RNA 的干扰。

(2)RNase 分布极广，不仅存在于生物体内的细胞中，而且连实验室使用的器皿、试剂以及手上都会沾有，往往会因为接触而污染 RNA 样品，导致 RNA 被降解。

【思考题】

1. 在制备 RNA 的过程中，如何防止 RNase 的降解作用？

2. 从匀浆液中去除蛋白质的方法有哪些？

实验十七　RNA的定量测定(地衣酚法)

【实验目的】

掌握用地衣酚法定量测定RNA含量的基本原理和方法。

【基本原理】

当核糖核酸(RNA)与浓盐酸共热时,即发生降解,产生的核糖继而转变为糖醛,后者与3,5-二羟基甲苯(地衣酚)发生缩合反应,产物呈鲜绿色,并于670 nm处有最大光吸收。RNA溶液的浓度在20～200 μg/mL时,光密度与浓度呈线性关系,所以用该法可以测定RNA含量。

该反应需用三氯化铁或氯化铜作为催化剂。

该方法的缺点:特异性不高,凡含有戊糖的化合物均能发生此反应,如DNA等。因此,测定RNA时应尽量除去干扰物。

【试剂与器材】

(1)RNA标准溶液:称取40 mg RNA,用0.1 mol/L NaOH溶液溶解后定容至100 mL。将此溶液稀释10倍使用。

(2)地衣酚试剂:

A液:10 mg $FeCl_3 \cdot 6H_2O$溶于6 mL水中,加入94 mL浓盐酸。

B液:6% 5-甲基间苯二酚(地衣酚)溶液(无水乙醇配制)。

临用前取100 mL A液+3.5 mL B液,混匀。

(3)试管与试管架,吸管与洗耳球,分光光度计,天平等。

【操作步骤】

1. RNA标准曲线的制作

(1)取6支洁净干燥的试管,按下表加入试剂。

表7-2　RNA呈色反应的标准曲线　mL

管号	1	2	3	4	5	6
标准RNA溶液	—	0.4	0.8	1.2	1.6	2.0
蒸馏水	2.0	1.6	1.2	0.8	0.4	—
地衣酚试剂	3.0	3.0	3.0	3.0	3.0	3.0

(2)各试管混匀后,于沸水浴中加热20 min。

(3)取出,用自来水冷却。

(4)用分光光度计测定吸光值$A_{670\ nm}$。

(5)以RNA浓度为横坐标,吸光值$A_{670\ nm}$为纵坐标,绘制标准曲线。

2. 样品RNA的含量测定

(1)取2支试管,各加入2 mL待测溶液,各加入4 mL地衣酚试剂。

(2)各试管混匀后,于沸水浴中加热20 min。

(3)取出,用自来水冷却。

(4)用分光光度计测定吸光值 $A_{670\ nm}$。

(5)对照标准曲线计算样品中 RNA 的含量。

【数据处理】

$$\text{RNA 含量}=\frac{\text{待测溶液中测得 RNA 质量}(\mu g)}{\text{待测溶液中样品质量}(\mu g)}\times 100\%$$

【注意事项】

(1)不同来源的 RNA,用地衣酚法测定含量均存在误差,而且误差大小不同。最好用与被测样品相同来源的纯化 RNA 作 RNA-核糖标准曲线,再从曲线求得被测样品 RNA 含量。

(2)只能测定待测溶液内含 RNA 量应调整至标准曲线可测定范围内。

【思考题】

此法特异性强吗?你认为应从哪些方面考虑提高测定的准确性?

实验十八 紫外吸收法测定核酸的含量

【实验目的】

1. 学习紫外分光光度法测定核酸含量的原理和操作方法。

2. 熟悉紫外分光光度计的基本原理和使用方法。

【基本原理】

核酸、核苷酸及其衍生物的分子结构中的嘌呤、嘧啶碱基具有共轭双键系统(—C═C—C═C—)，能够强烈吸收 250～280 nm 波长的紫外光。核酸(DNA，RNA)的最大紫外吸收值在 260 nm 处。遵照 Lambert-Beer 定律，可以从紫外光吸收值的变化来测定核酸物质的含量。

在不同 pH 值溶液中嘌呤、嘧啶碱基互变异构的情况不同，紫外吸收光也随之表现出明显的差异，它们的摩尔消光系数也随之不同。所以，在测定核酸物质时均应在固定的 pH 值溶液中进行。

核酸的摩尔消光系数(或吸收系数)，通常以 $\varepsilon(\rho)$ 来表示，即每升含有一摩尔核酸磷的溶液在 260 nm 波长处的消光值(即光密度，或称为光吸收)。核酸的摩尔消光系数不是一个常数，而是依赖于材料的前处理、溶液的 pH 值和离子强度发生变化。它们的经典数值(pH = 7.0)如下：

DNA 的 $\varepsilon(\rho) = 6\,000 \sim 8\,000$；

RNA 的 $\varepsilon(\rho) = 7\,000 \sim 10\,000$。

小牛胸腺 DNA 钠盐溶液(pH = 7.0)的 $\varepsilon(\rho) = 6\,600$，DNA 的含磷量为 9.2%，含 1 μg/mL DNA 钠盐的溶液光密度为 0.020。RNA 溶液(pH = 7.0)的 $\varepsilon(\rho) = 7\,700 \sim 7\,800$，RNA 的含磷量为 9.5%，含 1 μg/mL RNA 溶液的光密度为 0.022～0.024。采用紫外分光光度法测定核酸含量时，通常规定：在 260 nm 波长下，浓度为 1 μg/mL 的 DNA 溶液其光密度为 0.020，而浓度为 1 μg/mL 的 RNA 溶液其光密度为 0.024。因此，测定未知浓度的 DNA(RNA)溶液的光密度 $OD_{260\ nm}$，即可计算测出其中核酸的含量。

该法简单、快速、灵敏度高，如核酸 3 μg/mL 的含量即可测出。对于含有微量蛋白质和核苷酸等吸收紫外光物质的核酸样品，测定误差较小，若样品内混杂有大量的上述吸收紫外光物质，测定误差较大，应设法事先除去。

由于降解或水解作用，核酸的光密度可以增高约 40%，这就是众所周知的增色效应。在大分子的核酸中，氢键和 π-键相互作用改变了碱基的共振行为。因此，核酸的光密度低于构成它的核苷酸的光密度，该现象称为减色效应。

【试剂与器材】

(1)核酸样品 DNA 或 RNA。

(2)5%～6%氨水：用 25%～30%氨水稀释 5 倍。

(3)钼酸铵-过氯酸试剂：取 3.6 mL 70%过氯酸和 0.25 g 钼酸铵溶于 96.4 mL 蒸馏水中。

(4)紫外分光光度计，离心机，分析天平，冰箱，容量瓶，移液管。

【操作步骤】

1. 核酸样品纯度的测定

(1)准确称取待测的核酸样品 0.5 g,加少量蒸馏水(或无离子水)调成糊状,再加适量的水,用 5%~6%氨水调至 pH 7,定容至 50 mL。

(2)取两支离心管,甲管内加入 2 mL 样品溶液和 2 mL 蒸馏水;乙管内加入 2 mL 样品溶液和 2 mL 钼酸铵-过氧酸沉淀剂(沉淀除去大分子核酸,作为对照)。混匀,在冰浴(或冰箱)中放置 30 min,3 000 r/min 离心 10 min。从甲、乙两管中分别取 0.5 mL 上清液,用蒸馏水定容至 50 mL。选用光程为 1 cm 的石英比色杯,以蒸馏水调 0,在 260 nm 波长下测其光密度值。

2. 核酸溶液含量的测定

当待测的核酸样品中含有酸溶性核苷酸或可透析的低聚多核苷酸,在测定时需要加钼酸铵-过氯酸沉淀剂,沉淀除去大分子核酸。

取 2 支离心管,每管各加入 2 mL 待测的核酸溶液,再向甲管内加 2 mL 蒸馏水,向乙管内加 2 mL 沉淀剂。混匀,在冰浴(或冰箱)中放置 10 min,3 000 r/min 离心 10 min。将甲、乙两管清液分别稀释至光密度在 0.1~1.0 之间。选用光程为 1 cm 的石英比色杯,以蒸馏水调 0。在 260 nm 波长下测其光密度 $OD_{260\ nm}$。

如果待测的核酸样品不含酸溶性核苷酸或可透析的低聚多核苷酸,则可将样品配制成一定浓度的溶液(20~50 μg/mL)在紫外分光光度计上直接测定。

【计算】

1. 核酸样品纯度的计算

$$\text{DNA(或 RNA)含量}(\mu g/mL)=\frac{(\text{甲 }OD_{260\ nm}-\text{乙 }OD_{260\ nm})\times 100}{0.020(\text{或 }0.024)\times\text{样品浓度}}\times\text{稀释倍数}$$

$$\text{上式中样品浓度}=\frac{0.5\ g}{50\times\frac{4}{2}\times\frac{50}{0.5}(mL)}=50(\mu g/mL)$$

2. 核酸溶液含量的计算(μg/mL)

$$\text{DNA(或 RNA)含量}=\frac{\text{甲 }OD_{260\ nm}-\text{乙 }OD_{260\ nm}}{0.020(\text{或 }0.024)}\times\text{稀释倍数}$$

【思考题】

1. 采用紫外光吸收法测定样品的核酸含量,有何优点及缺点?

2. 若样品中含有核苷酸类杂质,应如何校正?

第八章 维生素实验内容

实验十九 维生素 B_2 的定量测定(荧光法)

【实验目的】

1. 掌握荧光法测定核黄素的原理和方法。

2. 学习荧光光度计的操作和使用。

【基本原理】

维生素 B_2(核黄素)是一种异咯嗪衍生物,其水与乙醇的中性溶液为黄色,并且有很强的荧光,这种荧光在强酸和强碱中易被破坏。核黄素在 pH4～9 的条件下,用 450 nm 波长的光激发,可发出波长为 520 nm 的荧光。硫代硫酸钠可还原核黄素为无色,从而消除核黄素的荧光,这样可测得样品的背景荧光。在核黄素的含量为 0.1～10 μg/mL 范围内,450 nm 波长下测定的荧光强度,与核黄素浓度成正比。根据核黄素在其还原前后的荧光差数,可测定核黄素的含量。

【试剂与器材】

(1)核黄素片(5 mg/片),含有核黄素的样品(蛋黄粉,大豆粉)。

(2)核黄素标准溶液(10 μg/mL):准确称取核黄素 10 mg,放入预先装有 50 mL 蒸馏水的 1 000 mL 容量瓶中,加入 5 mL 6 mol/L 乙酸,在加入大约 800 mL 水,置水浴中避光加热直至溶解,冷却至室温,用蒸馏水再定容至 1 000 mL,混匀。

(3)连二亚硫酸钠,冰乙酸,0.1 mol/L 盐酸,1 mol/L 氢氧化钠。

(4)荧光分光光度计,试管(15 mL×8),移液管(10.0 mL×3,5.0 mL×1,1.0 mL×4),量筒(100 mL×1),容量瓶(100 mL×2),三角瓶(125 mL×1)

【操作步骤】

1. 制作标准曲线

(1)取 6 支试管编号,按表 8-1 顺序加入试剂进行操作。

(2)混匀,在波长 400～510 nm 处,用 1 号标准液(2.5 μg/mL)作为参比溶液,调荧光分光光度计的荧光强度读数到满刻度(100%),分别测定其他标准溶液的相对荧光强度 F_1。

表 8-1 标准管核黄素含量表

管 号	1	2	3	4	5	6
核黄素标准溶液(mL)	2.5	2.0	1.5	1.0	0.5	0.25
蒸馏水(mL)	7.5	8.0	8.5	9.0	9.5	9.75
总体积(mL)	10	10	10	10	10	10
含量(μg/mL)	2.5	2.0	1.5	1.0	0.5	0.25

(3)测定后，向每管测定的溶液中分别加入约 10 mg 的连二亚硫酸钠，经混合溶解后，再重新测定还原后荧光强度 F_2。

(4)计算还原前后荧光强度之差。

2. 样品提取

(1)称取含有核黄素 5～10 μg 的均匀样品于锥形瓶中，加入 50 mL 0.1 mol/L 盐酸，置于高压下蒸煮 30 min。

(2)将样品冷却，用氢氧化钠调 pH 值至 6.0(因核黄素在碱性溶液中不稳定，滴加碱液时边加边摇，避免局部碱性过强)，再迅速用 1 mol/L 盐酸调 pH 值至 4.5，使杂质沉淀。

(3)用水稀释至 100 mL 样品稀释液，用 1 号标准液(2.5 μg/mL)作为参比溶液，调荧光分光光度计的荧光强度读数到满刻度(100%)，分别测定其他标准溶液的相对荧光强度 F_1。测定后，在每管测定的溶液中分别加入约 10 mg 的连二亚硫酸钠，经混合溶解后，再重新测定还原后荧光强度 F_2。

【结果计算】

(1)绘制标准曲线。每一个测定溶液的荧光强度读数校正公式为：

$$校正后的荧光强度\ F=还原前荧光强度\ F_1-还原后荧光强度\ F_2$$

以标准溶液校正后的荧光强度为纵坐标，相应的核黄素含量为横坐标，绘制标准曲线。

(2)将样品溶液校正后的荧光强度在标准曲线上查找，确定样品中核黄素的含量。

【注意事项】

(1)维生素 B_2 对热、氧气稳定，但见光易分解，所以在所有操作过程中尽可能避光。

(2)维生素 B_2 在碱性溶液中易失去荧光，但在酸性溶液中较稳定，所以调 pH 值时，应避免局部过碱。

(3)加入还原剂(连二亚硫酸钠)后，应尽快测定，否则会出现浑浊，影响测定效果。

【思考题】

荧光法测定维生素 B_2 应注意哪些事项？

实验二十　维生素C的提取和含量测定

【实验目的】

掌握用2,6-二氯酚靛酚测定维生素C的原理和方法。

【基本原理】

维生素C(抗坏血酸)属水溶性维生素,是人类营养中最重要的维生素之一。可降低毛细血管通透性,降低血脂,增强机体的抵抗能力,并有一定的解毒功能和抗组胺作用。缺乏时易得坏血病。它广泛存在于植物中,尤以蔬菜和水果中含量丰富。

维生素C有强的还原性,在中性和微酸性环境中它能将呈蓝色的染料2,6-氯酚靛酚还原成无色的还原型2,6-氯酚靛酚,同时自身被氧化成脱氢抗坏血酸。氧化型的2,6-氯酚靛酚在酸性溶液中呈红色,在中性和碱性溶液中呈蓝色。所以,当用2,6-氯酚靛酚滴定含有抗坏血酸的酸性溶液时,在抗坏血酸全部氧化后,再滴下的2,6-氯酚靛酚将立即使溶液呈淡红色,从而显示到达滴定终点,如无其他杂质干扰,样品提取液所还原的标准染料量与样品中所含的还原型抗坏血酸量成正比。

对于其含量测定,纵观各种质量标准均采用2,6-二氯吲哚酚滴定法等滴定分析法,该方法简便、快速、准确,中国药典也采用此法。

该法缺点如下:①生物组织中的脱氢抗坏血酸及结合抗坏血酸同样有维生素C的生理作用,用此法不能测出。②生物材料提取液中含有其他还原性物质,也可使2,6-二氯酚靛酚还原脱色而引起误差。③提取液中常存在的色素类物质干扰滴定终点的观察。

由于提取液中其他还原性物质还原2,6-二氯酚靛酚速度较慢,故可将滴定过程控制在2 min之内,并判断终点以红色15～30 s内消失为准。当提取液绿色素太多,严重干扰终点判断时,可先用白陶土或$Al(OH)_3$乳液脱色。这些措施在一定程度上减少了测量误差。

【试剂与器材】

(1)新鲜动物肌肉。

(2)10%(V/V)醋酸。

(3)维生素C标准液:准确称取维生素C 4 mg,用1%草酸溶液定容至100 mL。现用现配,冰箱中贮存。

(4)0.1 mg/mL 2,6-二氯酚靛酚溶液:称取干燥的2,6-二氯酚靛酚钠20 mg,放入200 mL容量瓶中,加热蒸馏水150 mL,滴加0.01 mg/mL NaOH溶液4～5滴,剧烈摇动10 min,冷却后水至刻度。摇匀后用滤纸过滤,放入棕色瓶中。贮存在冰箱中备用,有效期1周,使用前标定。

(5)1/1 000 mol/L碘酸钾:先配制1/100 mol/L的碘酸钾原液,准确称取碘酸钾0.357 g,溶解定容至100 mL。取此原液10 mL于100 mL容量瓶,用蒸馏水稀释至刻度即可。

(6)醋酸缓冲液:取50%醋酸钠液20 mL,加冰醋酸20 mL及水60 mL混合即成。

(7)中性甲醛液:取40%甲醛100 mL,加酚酞指示剂2～3滴,0.1 mol/L NaOH滴至为红色为止。

(8)甲醛醋酸缓冲液:取中性甲醛液与醋酸缓冲液等量混合,置棕色瓶保存。

(9)1%草酸溶液,2%草酸溶液,1%淀粉。

(10)离心机,研钵,三角瓶(100 mL×4),容量瓶(50 mL×1),量筒(20 mL×1),大离心管(50 mL×1),滴定管(碱性)(×1),移液管(10 mL×2)。

【操作步骤】

1. 样品提取　取1 g新鲜动物肌肉,剪碎放于研钵中,加入9 mL 10%醋酸溶液(可根据样品中维生素C含量多少,适当增减稀释倍数),研磨成浆状,静置约5 min,然后以3 000 r/min离心15～20 min。上清液转移到50 mL容量瓶中,用2%醋酸溶液定溶至刻度,即为样品提取液,摇匀备用。

2. 标准维生素C液标定　准确吸取标准维生素C溶液1 mL,放入试管中,加入6%KI液0.01 mL及淀粉液1滴,用微量滴定管以1/1 000 mol/L碘酸钾液进行滴定,每滴下1滴既充分摇匀,滴至出现微青蓝色为止,记下碘酸钾用量。

维生素C的相对分子质量为176,在酸性溶液中1分子维生素C可被两个碘原子氧化,因此每毫升1/1 000 mol/L碘酸钾相当于维生素C 0.088 mg(176÷2÷1 000),由此可求出1 mL标准维生素液中维生素C的含量。

3. 样品提取液的滴定　取两支试管,标为A和B。准确吸取样品液两份,每份10 mL。用微量滴定管以标定的2,6-二氯酚靛酚滴定A管,每滴1滴,充分摇匀,直至出现粉红色并保持30 s不褪色为止,记下所用2,6-二氯酚靛酚毫升数(V_1)。它表示维生素C和非维生素C的其他还原性物质总共消耗的2,6-二氯酚靛酚液的量。

在B管中加入甲醛醋酸缓冲液混合物1 mL,充分混匀后放置10 min,然后用同样方法以2,6-二氯酚靛酚滴定,并记下用量(V_2),它表示非维生素C的还原性物质所消耗的2,6-二氯酚靛酚的量。

空白样滴定方法同前。

【结果计算】

$$\text{每100 g样品还原型维生素C的量(mg)}=(V_1-V_2)\times C\times V\times 100$$

式中:C——1 mL 2,6-二氯酚靛酚所能氧维生素C的毫克数,可由标定计算;

V——样品提取液稀释的倍数。

【注意事项】

(1)滴定过程应迅速进行,一般不超过2 min。滴定所用量应在0.3～1.6 mL为佳。

(2)若滴定结果超出此范围,则必须改变样品量或将提取液适当稀释。

(3)2%草酸溶液可抑制抗坏血酸氧化酶,1%草酸溶液则不能,偏磷酸也有同样功效。若样品中含有大量Fe^{2+},可用8%乙酸溶液提取,Fe^{2+}能还原2,6-二氯酚靛酚。

(4)如浆状物泡沫很多,可加数滴辛醇或丁醇。

(5)样品提取液应避免日光直射。

【思考题】

2,6-二氯酚靛酚滴定法测定维生素C含量有何优缺点?测定误差是否大?

第九章　综合性实验内容

实验二十一　琼脂糖凝胶电泳法分离乳酸脱氢酶同功酶

【实验目的】

1. 学习和掌握用琼脂糖凝胶电泳分离乳酸脱氢酶同功酶的原理和方法。

2. 学习定量测定动物血清中乳酸脱氢酶的相对百分含量。

【基本原理】

来源于同一个体或组织，能催化同一反应，而蛋白结构不同的一组酶称为同工酶。同工酶的蛋白结构有差别，它们的理化性质也有所差异，可用电泳或其他方法将它们分离开来。由于同工酶在不同组织、器官中的分布不同，即具有组织器官的特点，因此可利用同工酶的酶谱作临床诊断的依据，也被应用于生物分类及遗传育种等工作中。

乳酸脱氢酶(LDH)同工酶，它们都能催化乳酸脱氢产生丙酮酸，但经电泳法分离后，就有5个同工酶区带。

血清乳酸脱氢酶的辅酶是 NAD^+，当乳酸脱氢酶催化乳酸脱氢时，NAD^+ 即被还原成 $NADH + H^+$。

如果还有氧化型吩嗪二甲酯硫酸盐(简称 PMS)和硝基蓝四唑(简称 NBT)存在，则发生如下反应：

$$NADH + H^+ + PMS \rightarrow NAD^+ + PMS \cdot H_2$$

$$PMS \cdot H_2 + NBT \rightarrow PMS + NBT \cdot H_2$$

$NBT \cdot H_2$ 为蓝色化合物。

当 LDII 同工酶区带在琼脂糖凝胶板上分开后，给予 NAD^+、底物(乳酸)、PMS 和 NBT，同工酶区带即呈蓝紫色。

本实验用琼脂糖凝胶电泳法分离血清乳酸脱氢酶 5 个同工酶(LDH_1、LDH_2、LDH_3、LDH_4、LDH_5)。将电泳结束后的凝胶放入培养皿中即显示出五条深浅不等的蓝紫色区带。最靠近阳极端的是 LDH_1，依次为 LDH_2、LDH_3、LDH_4 和 LDH_5。由于正常人血清乳酸脱氢酶各同工酶的百分比是：LDH_1 33.4%，LDH_2 42.8%，LDH_3 18.5%，LDH_4 3.9%，LDH_5 1.4%，故靠近正极的三条区带最明显，而 LDH_4 和 LDH_5 几乎不易观察到。

【试剂与器材】

(1)血清。

(2)巴比妥-HCl 缓冲液(pH8.4，0.1 mol/L)：溶 17.0 g 巴比妥钠于 600 mL 水，加入 1 mol/L HCl 溶液 23.5 mL，再加蒸馏水至 1 000 mL。

(3)0.5 mol/L 乳酸钠溶液：60%乳酸钠 10 mL，溶于蒸馏水并稀释到 100 mL。

(4)0.001 mol/L EDTA-Na_2(乙二胺四乙酸钠盐)溶液:称取 EDTA-$Na_2 \cdot H_2O$ 372 mg,溶于蒸馏水并稀释至 100 mL。

(5)0.7%琼脂糖凝胶:称取 0.7 g 琼脂糖于 100 mL 巴比妥-HCl 缓冲液(pH8.4,0.1 mol/L),加热待琼脂糖溶化后备用。

(6)显色液:取 0.5 mol/L 乳酸钠溶液 0.5 mL,0.3%氯化氮蓝四唑水溶液 1.5 mL,氧化型辅酶Ⅰ 5 mg,0.1%吩嗪硫酸甲酯水溶液 0.2 mL,混匀,待氧化型辅酶Ⅰ溶解后使用。此溶液于临用前按需要配置。

(7)电泳用缓冲液(pH8.6,0.075 mol/L):巴比妥钠 15.45 g,巴比妥 2.76 g 溶于蒸馏水,稀释至 1 000 mL。

(8)0.8%琼脂糖染色液:称取 80 mg 琼脂糖溶于 5 mL 巴比妥-HCl 缓冲液(pH8.4,0.1 mol/L),加蒸馏水 5 mL,加热,待琼脂糖溶化后,再加 0.001 mol/L EDTA-Na_2 溶液 0.2 mL,保存于冰箱中备用。

(9)2%乙酸溶液,25%尿素水溶液。

(10)电泳仪,水平电泳槽,恒温培养箱,冰箱,微量进样器及玻璃器皿。

【操作步骤】

1. 琼脂糖凝胶的制备和电泳　将 0.5%琼脂糖凝胶在水浴中加温融化。取融化的凝胶液平浇于一洁净的电泳装置中的凝胶板上(板的两端用透明胶带封好)约 2 cm 厚,插入加样梳,放在水平台上冷却,凝胶凝固后,剥去胶带,小心拔去加样梳,将凝胶板放在电泳槽内。

2. 点样及电泳　将电泳缓冲液加到电泳槽中,刚好盖上凝胶为止,用微量加样器加入 20 μL血清样品(样品中需加入溴酚蓝指示剂)于点样槽中,点样端靠近阴极,按 4~5 mA/cm 胶宽调节电流,电泳时间为 40~50 min,直至溴酚蓝指示剂距胶边缘 1 cm 时停止电泳。

3. 显色　电泳终止前 10 min 将 0.8%琼脂糖染色胶在水浴中融化,取 1.5 mL 与 1.2 mL 显色液混匀,立即浇在电泳完毕的凝胶板上,于 37℃恒温箱中避光保温 40 min,使同功酶各区带充分显色。

4. 固定　将显色后的凝胶板放入 10%冰乙酸水溶液中,10 min 后取出,用蒸馏水漂洗 2 次,洗去多余的显色液。用一干净的滤纸覆盖在凝胶板上,50℃烘 1.5~2 h,取出滤纸背景即透明。

5. 定量分析　漂洗后的胶板,置于扫描仪上,于 500 nm 波长处扫描测定。也可把各区带用解剖刀割下,分别移入已放有 3 mL 25%尿素水溶液的试管中,混合,置沸水中 10 min,待凝胶全部融化后,移至 37℃水浴中放置 10 min 后,于 560 nm 波长处,以一个酶区带大小相当的空白琼脂糖凝胶块按上述处理制成溶胶液调零,测定各区带吸光度。

【结果计算】

(1)记录电泳后同功酶谱带结果。

(2)LDH 同功酶的相对百分含量

$$各区带的相对百分含量=\frac{各区带吸光度}{各区带吸光度之和}\times 100\%$$

【注意事项】

(1)溶血标本对结果有明显影响,不能采用。

(2)在 LDH 同功酶显色后,往往在 LDH_1 前沿有一块桃红色的非特异性显色区带,这不是 LDH_1 的组成成分,定量时应去掉。

(3)显色过程应在暗处避光进行。

【思考题】

电泳显色后,5 条深浅不等的蓝紫色区带,从最靠近阳极端区带开始,依次是哪些 LDH?

实验二十二　SDS-聚丙烯酰胺凝胶电泳法测定蛋白质相对分子质量

【实验目的】

掌握SDS-聚丙烯酰胺凝胶电泳法(SDS-PAGE)测定蛋白质相对分子质量的基本原理与基本过程。

【基本原理】

SDS全称十二烷基硫酸钠，大多数蛋白质可与SDS按1∶1.4(W/W)的比例结合，形成SDS-蛋白质复合物。其结果：

(1)由于SDS解离后带有很强的负电荷，致使SDS－蛋白质复合物都带上了相同密度的负电荷，其电量大大超过了蛋白质分子原有的电荷量，基本掩盖了不同种类蛋白质同原有的电荷差异。

(2)SDS与蛋白质结合后，改变了蛋白质原有构象，使所有蛋白质水溶液中的形状都近似椭圆柱形。不影响凝胶的形成，而蛋白质的电泳迁移率则主要取决于它的自身相对分子质量的大小。

不同SDS-蛋白质复合物的短轴直径都一样，约为18 nm，而长轴则与蛋白质分子的大小成正比。这样SDS-蛋白质复合物在凝胶电泳中的迁移率，就不再受蛋白质原有电荷及其形状的影响了，而只取决于椭圆柱长度，即蛋白质分子的大小。

需要注意的是：为使SDS与蛋白质能充分的按比例结合，必须将蛋白质间的二硫键完全打开。因此，在用SDS处理蛋白质样品时，必须同时用巯基乙醇处理。巯基乙醇是一种还原剂，它能使二硫键还原打开，并在有多余的巯基乙醇存在时，就不会再氧化为二硫键。蛋白质与SDS结合后的复合物都是易溶的，因而有利于电泳。为满足SDS定量地与蛋白质结合，这种聚丙烯酰胺凝胶电泳的凝胶及电极缓冲体系中都含有SDS，所以称为SDS-聚丙烯酰胺凝胶电泳。

蛋白质的迁移率与其相对分子质量的对数呈直线关系：$\lg MW = -bm + k$ 。MW 表示相对分子质量，m 表示迁移率，b 表示斜率，k 表示常数。即用此法可以测得蛋白质的相对分子质量。

实验证明，相对分子质量在12 000～200 000之间的蛋白质，用此法测得的相对分子质量，与用其他方法测得的相比，误差一般在±10%以内，重复性高。此方法还具有设备简单，样品用量甚微，操作方便等优点，现已成为测定大多数蛋白质相对分子质量的常用方法。

应用此法测定相对分子质量，首先需将几种已知相对分子质量的标准蛋白质混合物，与被测蛋白质同时进行SDS-聚丙烯酰胺凝胶电泳。然后测出各个蛋白质成分的迁移率，再以标准蛋白质的相对分子质量为纵坐标，迁移率为横坐标，在半对数坐标纸上绘出一条直线型的标准曲线(见图9-1)。若以普通坐标纸作图，则纵坐标应取蛋白质相对分子质量的对数值。被测蛋白质的相对分子质量只要测得迁移率即可从标准曲线上求出。

不同浓度的SDS-聚丙烯酰胺凝胶适用于不同范围的蛋白质相对分子质量大小的测定。如15%的凝胶适用于相对分子质量在10 000～50 000范围的蛋白质；10%的凝胶适用于相对分子质量在 10 000～70 000 范围的蛋白质；5％的凝胶适用于相对分子质量在 25 000～2 000 000 范围的蛋白质；3.33％的凝胶其胶孔径更大，适用于相对分子质量更高的蛋白质的测定。使用时应根据待测蛋白质样品的相对分子质量范围选择合适的凝胶浓度，以求获得好的结果。

实验中使用的标准蛋白质(Mark)，应该选择那些相对分子质量大小与待测蛋白质样品相近似的，应使其待测样品的相对分子质量恰好在标准蛋白质的范围之内。

此法虽然适用于大多数蛋白质相对分子质量的测定，但对于一些蛋白质，如带有较大辅基的蛋白质(如某些糖蛋白)、结构蛋白(如胶原蛋白)等，由于不能定量地与 SDS 相结合，因而测定结果偏差较大。另外，由亚基(如血红蛋白)或由于两条以上肽链，(如 α-胰凝乳蛋白酶)组成的蛋白质，在 SDS 的作用下将解离成亚基或单条肽链，其电泳后测得的只是这些蛋白质的亚基或单条肽链的相对分子质量，而不是整个蛋白质的相对分子质量。上述这些"特殊"蛋白质的相对分子质量都不宜用此方法测定。若要使用时，也需要作对照实验。

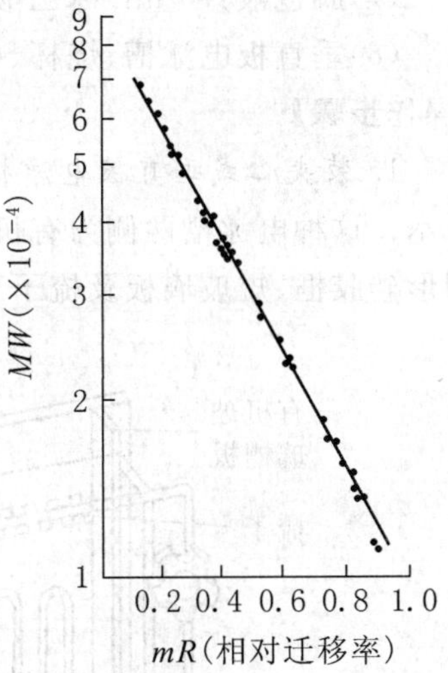

图 9-1　37 种蛋白质相对分子质量对数对迁移率图

本实验选用相对分子质量在 10 000～70 000 范围的标准蛋白质，使用 10％的聚丙烯酰胺凝胶，其配制方法主要参照 U. K. Laemmli(1970)的方法，以板状、不连续电泳系统进行电泳。

【试剂与器材】

(1)标准蛋白质(Mark)。

(2)连续体系 SDS-PAGE 有关试剂。

①0.2 mol/L pH7.2 磷酸盐缓冲液：取 0.2 mol/L Na_2HPO_4 溶液 720 mL，0.2 mol /L NaH_2PO_4 溶液 280 mL 混合。

②样品溶解液：0.01 mol/L pH7.2 磷酸盐缓冲液，内含 1％SDS，1％巯基乙醇，10％甘油或 40％蔗糖，0.02％溴酚蓝。其用来溶解标准蛋白质及待测固体蛋白质样品。

③30％丙烯酰胺(称为凝胶贮液)：丙烯酰胺(简称 Acr)30 g，甲叉双丙烯酰胺(简称 Bis) 0.8 g，加重蒸水至 100 mL，过滤后置棕色瓶，4℃保存可用 2～3 个月。

④凝胶缓冲液：SDS 0.2 g，加 0.2 mol/L pH7.2 磷酸盐缓冲液至 100 mL。4℃保存，用前稍加温使 SDS 溶解。

⑤1％TEMED(N，N，N-四甲基乙二胺)：取 TEMED 1 mL，加重蒸水至 100 mL，过滤后置棕色瓶 4℃保存。

⑥10％过硫酸铵(AP)：AP 10 g，加重蒸水至 100 mL，每周新配，置棕色瓶 4℃保存。

(3)电极缓冲液：0.1％SDS，0.1 mol/L pH7.2 磷酸盐缓冲液。

(4)1％琼脂：琼脂 1 g，用上述缓冲液溶解至 100 mL 4℃保存。

(5)固定液：取 50％甲醇 454 mL，冰乙酸 46 mL 混匀。

(6)染色液：考马斯亮蓝 R-250 0.25 g 加上述固定液 500 mL，过滤后应用。

(7)脱色液:75 mL 冰乙酸,50 mL 甲醇,加水至 1 000 mL。

(8)垂直板电泳槽、烧杯、电泳仪、微量注射器(微量移液器)。

【操作步骤】

1. 装夹心式垂直板电泳槽　夹心式垂直板电泳槽操作简单,不易渗漏。其装置如图 9-2 所示。这种电泳槽两侧为有机玻璃制成的电极槽,两个电极中间夹有一个凝胶模,该模由 1 个凹形硅胶框、短玻璃板及梳子所组成。电泳槽由上贮槽、下贮槽和回纹状冷凝管组成。

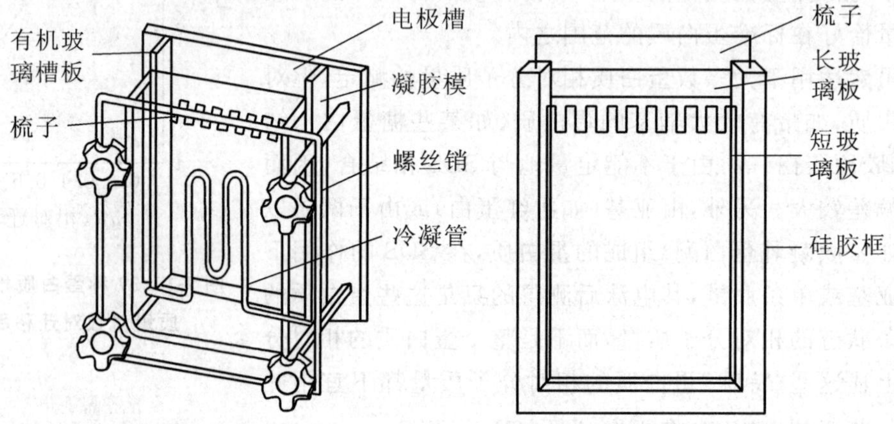

图 9-2　夹心式垂直板电泳槽示意图

2. 配胶及凝胶板的制备

(1)配胶

分离胶(浓度为 15%)	
水	4.6 mL
凝胶贮液	10 mL
1.5 mol/L Tris-HCl pH8.8	5.0 mL
10%SDS	0.2 mL
10%过硫酸铵	0.2 mL
TEMED	8 μL
总计	20 mL

(2)凝胶板的制备:用细长头滴管将胶混合液加到两块玻璃板的缝隙内直至距离短玻璃板上缘 0.5 cm 处,插入梳形样品槽模板(称“梳子”),为防止渗漏,可在上、下电极槽中的胶面上轻轻铺一层蒸馏水,但不能超过短板,以防凝胶被稀释。大约 30 min 胶聚合,继续放置 20～30 min 后,倒去上、下电极槽中的蒸馏水,小心拔出梳形样品槽模板,窄条滤纸吸去残余水分,注意不要弄破凹形加样槽的底面。倒入电极缓冲液即可进行预电泳或准备加样。

3. 样品的处理与加样

(1)样品的处理:根据相对分子质量标准蛋白试剂盒的要求加样品溶解液,自己配制标准及未知样品:按 0.5～1 mg/mL 溶液比例,向样品中加入样品溶解液,溶解后,将其转移到带塞小离心管中,轻轻盖上盖子(不要塞紧以免加热时迸出),在 100℃沸水浴中保温 3 min,取出冷却后加样。如处理好的样品暂时不用，可放在 20℃冰箱保存较长时间，使用前在 100℃沸水中加热3 min，以除去亚稳态聚合。

(2)加样：一般每个凹形样品槽内，只加一种样品或已知相对分子质量的混合标准蛋白质，加样体积要根据凝胶厚度及样品浓度灵活掌握，一般加样体积为 10～15 μL(即 2～10 μg 蛋白)。如样品较稀，加样体积可达 100 μL。如样品槽中有气泡，可用注射器针头挑除。加样时，将微量注射器的针头(微量移液器)通过电极缓冲液伸入加样槽内，尽量接近底部，轻轻推动微量注射器，注意针头勿碰破凹形槽胶面。由于样品溶解液中含有体积质量较大的蔗糖或甘油，因此样品溶液会自动沉降在凝胶表面形成样品层。

4. 电泳　分离胶聚合后是否进行预电泳则应根据需要而定，SDS 连续系统预电泳采用 30 mA，60～120 min。

在电极槽中倒入 0.1%SDS pH7.2 0.1 mol/L 磷酸盐缓冲液，连接电泳仪与电泳槽，上槽接负极，下槽接正极。打开电源，将电流调至 20 mA，待样品进入分离胶后，将电流调至 50 mA，待染料前沿迁移至距硅橡胶框底边 1～1.5 cm 处，停止电泳，一般需 5～6 h。

5. 凝胶板剥离与固定　电泳结束后，取凝胶板，卸下硅橡胶框，用不锈钢药铲或镊子撬开短玻璃板，在凝胶板切下一角作为加样标志，在两侧溴酚蓝染料区带中心，插入细铜丝作为前沿标记。将凝胶板放在大培养皿内，加入固定液，固定过夜。

6. 染色与脱色　将染色液倒入培养皿中，染色 1 h 左右，用蒸馏水漂洗数次，再用脱色液脱色，直到蛋白质区带清晰，即可计算相对迁移率。

7. 绘制标准曲线　准确测出溴酚蓝染料的迁移距离和染色前凝胶的长度，以及脱色后各蛋白质样品带的迁移距离和脱色后凝胶的长度，计算出蛋白质的相对迁移率。

$$相对迁移率=\frac{蛋白质移动距离}{脱色后胶长}\times\frac{染色前胶长}{染料移动距离}$$

以各标准蛋白质样品的相对迁移率为横坐标，蛋白质的相对分子质量为纵坐标，在半对数坐标纸上作图，即可得一条标准曲线。

根据待测蛋白样品的相对迁移率的数值，可以直接从标准曲线上查得蛋白质样品的相对分子质量。

【注意事项】

(1)SDS 纯度：在 SDS-PAGE 中，需高纯度的 SDS，市售化学纯 SDS 需结晶一次或两次方可使用。

(2)SDS 与蛋白的结合量：当 SDS 单体浓度在 1 mmol/L 时，1 g 蛋白质可与 1.4 g SDS 结合才能生成 SDS-蛋白复合物。巯基乙醇可使蛋白质间的二硫键还原，使 SDS 易与蛋白质结合。样品溶解液中，SDS 的浓度至少比蛋白质的量高 3 倍，低于这个比例，可能影响样品的迁移率，因此，SDS 用量约为样品量 10 倍以上。此外，样品溶解液应采用低离子强度，最高不超过 0.26，以保证在样品溶解液中有较多的 SDS 单体。在处理蛋白质样品时，每次都应在沸水浴中保温 3～5 min，以免有亚稳聚合物存在。

(3)凝胶浓度：应根据未知样品的估计相对分子质量，选择凝胶浓度。

(4)对样品的要求：应采纳低离子强度的样品。如样品中离子强度高，则应透析或经离子交换除盐。加样时，应保持凹形加样槽胶面平直。加样量以10～15 μL为宜，如样品系较稀的液体状，为保证区带清晰，加样量可增加，同时应将样品溶解液浓度提高2倍或更高。

(5)由于凝胶中含SDS，直接制备干板会产生龟裂现象。如需制干板，则用25%异丙醇内含7%乙酸浸泡，并经常换液，直至SDS脱尽(需2～3 d)，才可按PAGE法制备干板。为方便起见，常采用照相法，保存结果。

【思考题】

1. 简述SDS-PAGE测定蛋白质相对分子质量的基本原理。

2. 如何通过位置来确定蛋白质的相对分子质量？

3. 做好本实验的关键是什么？

实验二十三　碱性磷酸酶的分离制备及活性检测

Ⅰ. 碱性磷酸酶的有机溶剂分级沉淀

【实验目的】

1. 掌握有机溶剂分级沉淀法分离碱性磷酸酶的原理和方法。

2. 了解有机溶剂分级沉淀法分离纯化酶的基本程序。

【基本原理】

利用不同蛋白质在不同浓度的有机溶剂中发生沉淀作用而达到分离它们的方法称为“有机溶剂分级沉淀法”。有机溶剂分级沉淀法是分离蛋白质的常用方法之一。一方面，由于有机溶剂能降低溶液的介电常数，从而增加蛋白质分子上不同电荷的引力，导致溶解度的降低；另一方面，有机溶剂溶于水，由于溶剂与水的作用，能破坏蛋白质的水化膜，导致蛋白质沉淀析出。

有机溶剂沉淀法的优点是：分辨能力比盐析法高，即一种蛋白质或其他溶质只有在一个比较窄的有机溶剂浓度范围内才会沉淀；沉淀不用脱盐，过滤比较容易，在生化制备中的应用比盐析法广。有机溶剂沉淀法的缺点是：对某些具有生物活性的大分子，容易引起变性失活。

有机溶剂分级沉淀法常用的试剂有乙醇、甲醇和丙酮等。进行有机溶剂沉淀时，有机溶液的浓度常以有机溶剂和水容积比或百分率浓度表示。欲使原溶液中有机溶剂达到一定浓度，需加入有机溶剂的浓度和体积也可以按下式计算：

$$V=\frac{V_0(S_2-S_1)}{100-S_2}$$

式中：V——需加100%浓度有机溶剂的体积；

V_0——原溶液的体积；

S_1——原溶液中有机溶剂的浓度；

S_2——要求达到的有机溶剂的浓度；

100——指加入的有机溶剂浓度为100%。若所加入的有机溶剂的浓度为95%，上式$(100-S_2)$项应改为$(95-S_2)$。

本实验采用有机溶剂沉淀法从肝匀浆中分离纯化碱性磷酸酶（Alkaline phosphatase，简称 AKP）。先用低渗浓度醋酸钠制备肝匀浆。肝匀浆中加入正丁醇使部分蛋白变性，释出膜中酶，过滤去除杂蛋白，加醋酸镁以保护和稳定 AKP。含有 AKP 的滤液用冷丙酮和冷乙醇进行重复分离纯化。根据 AKP 在33%的丙酮或30%的乙醇中溶解，而在50%的丙酮或60%的乙醇中不溶解的性质，用冷丙酮和冷乙醇重复分离提取，可从含有 AKP 的滤液中获得较为纯净的碱性磷酸酶。

【试剂与器材】

(1)新鲜兔肝（或其他动物新鲜肝脏）。

(2)0.5 mol/L 醋酸镁溶液：称取醋酸镁[$Mg(CH_3COO)_2\cdot 4H_2O$]107.25 g 溶于蒸馏水

中，定容至 1 000 mL。

(3)0.1 mol/L 醋酸钠溶液：称取 8.203 g 醋酸钠溶于蒸馏水中，定容至 1 000 mL。

(4)0.01 mol/L 醋酸镁-0.01 mol/L 醋酸钠溶液：准确吸取 0.5 mol/L 醋酸镁溶液 20 mL 及 0.1 mol/L 醋酸钠溶液 100 mL，混合后定容至 1 000 mL。

(5)pH8.8，0.01 mol/L Tris-醋酸镁缓冲液：称取三羟甲基氨基甲烷（Tris）12.114 g，用蒸馏水溶解后定容至 1 000 mL，即为 0.1 mol/L Tris 溶液。取 0.1 mol/L Tris 溶液 100 mL，加蒸馏水约 780 mL，再加 0.1 mol/L 醋酸镁 100 mL，混匀后用 1%冰醋酸调 pH 为 8.8，用蒸馏水定容至 1 000 mL。

(6)丁醇、丙酮、95%乙醇。

(7)量筒，玻璃匀浆器，剪刀，滤纸，离心机。

【操作步骤】

(1)称取新鲜兔肝 2 g，剪碎，置于玻璃匀浆器（或碾钵）中，加入 0.01 mol/L 醋酸镁-0.01 mol/L 醋酸钠溶液 2.0 mL，充分磨成匀浆。将匀浆液转移至离心管中，用 4.0 mL 上述溶液分两次冲洗匀浆管，并倒入离心管中，混匀，此为 A 液。另取 1 支试管，编号为 A，取 A 液 0.1 mL，加 pH8.8，0.01 mol/L Tris-醋酸镁缓冲液 4.9 mL，混匀，供测酶活性。加 2.0 mL 正丁醇溶液于上述剩余的匀浆液中，用玻璃棒充分搅拌 2 min 左右，在室温放置 20 min 后，滤纸过滤，滤液置离心管中。

(2)于滤液中加入等体积冷丙酮，混匀后立即离心 5 min(2 000 r/min)，弃去上清液。往沉淀中加入 0.5 mol/L 醋酸镁溶液 4.0 mL，用玻璃棒充分搅拌使其溶解，记录悬液体积，此为 B 液。取 B 液 0.1 mL，置于编号为 B 的试管中，加 pH8.8 0.01 mol/L Tris-醋酸镁缓冲液 4.9 mL，混匀，供测酶活性。

(3)量取剩余悬液体积，加入 95%冷乙醇，使乙醇终浓度为 30%。混匀后立即离心5 min (2 000 r/min)。量取上清液体积，倒入另一离心管中，弃去沉淀。往上清液中加入 95%冷乙醇，使乙醇终浓度为 60%。混匀后立即离心 5 min(3 000 r/min)，弃去上清液。往沉淀中加入 0.01 mol/L 醋酸镁-0.01 mol/L 醋酸钠溶液 4.0 mL，用玻璃棒充分搅拌使其溶解。

重复操作步骤 4。往悬液中加入 95%冷乙醇，使乙醇终浓度为 30%，混匀后立即离心 5 min(2 000 r/min)，计算上清液体积，倒入另一离心管中，弃去沉淀。往上清液中加入 95%冷乙醇，使乙醇终浓度为 60%。混匀后立即离心 5 min(3 000 r/min)，弃去上清液。沉淀用 0.5 mol/L 醋酸镁溶液 3.0 mL 充分溶解，记录体积，此为 C 液。取 C 液 0.2 mL，置于编号为 C 的试管中，加 pH8.8 0.01 mol/L Tris-醋酸镁缓冲液 3.8 mL，混匀，供测酶活性。

(4)往上述剩余悬液中缓缓滴加冷丙酮，使丙酮终浓度为 33%，混匀后立即离心 5 min (2 000 r/min)，弃去沉淀。量取上清液体积后移至另一离心管中，再缓缓加入冷丙酮，使丙酮终浓度为 50%，混匀后立即离心 15 min(4 000 r/min)，弃去上清液，沉淀为部分纯化的碱性磷酸酶。往此沉淀中加入 pH8.8 0.01 mol/L Tris-醋酸镁缓冲液 4.0 mL，使沉淀充分溶解，再离心 5 min(2 000 r/min)。将上清液倒入试管中，记录体积，弃去沉淀。上清液即为部分纯化的碱性磷酸酶，此为 D 液。取 D 液 0.2 mL，置于编号为 D 的试管中，加 pH8.8 0.01 mol/L Tris-醋酸镁缓冲液 0.8 mL，混匀，供测酶活性及比活性测定。

【注意事项】

(1)因为有机溶剂沉淀是个放热过程，所以整个操作应在低温下进行，溶剂应预冷。

(2)高浓度的有机溶剂易造成蛋白质变性失活，加入时要边搅边滴加，以避免局部浓度过高，使酶或蛋白质变性。

(3)分离沉淀后的蛋白质，应立即用水或缓冲溶液溶解，以降低有机溶剂的浓度。

(4)溶剂的 pH 值最好控制在被分离物质的等电点附近，以提高被分离物质的分离效果。

(5)蛋白质浓度应控制在 5～20 mg/mL，以防止在高浓度时样品发生共沉淀作用。

(6)在有机溶剂中有中性盐存在时能增加蛋白质的溶解度，减少变性。

【思考题】

1. 用有机溶剂分级沉淀法分离酶时应注意哪些事项？为什么？
2. 在操作步骤 1 中，加 0.01 mol/L 醋酸镁-0.01 mol/L 醋酸钠溶液的目的是什么？
3. 重复操作步骤 4 的目的是什么？
4. A、B、C、D 各管的稀释倍数是多少？

Ⅱ. 碱性磷酸酶的活性与比活性测定

【实验目的】

1. 掌握 King 氏法测定碱性磷酸酶活性的原理和方法。
2. 掌握比活性测定的方法和意义。

【基本原理】

碱性磷酸酶(alkaline phosphatase，AKP)是一类广泛分布于机体内、在碱性条件下(pH8.6～10)具有较高活性的酶。该类酶对底物的特异性较低，在实验室条件下，各种各样的磷酸单酯化合物，如 β-甘油磷酸钠、磷酸苯二钠、对 硝基苯基磷酸二钠等物质都能被水解为磷酸及各种羟基化合物。

King 氏测定碱性磷酸酶的活性是根据在一定的 pH 值和温度下，待测液中的碱性磷酸酶作用于底物液中的磷酸苯二钠，使之水解释放出产物酚。酚在碱性溶液中与 4-氨基安替比林(AAP)作用并经铁氰化钾催化，生成红色醌类化合物(见反应式)。以相同条件处理后的酚标准液作为对照，在 510 nm 波长处比色测定，可测知酚的生成量，从而计算出酶的活性。

反应式如下：

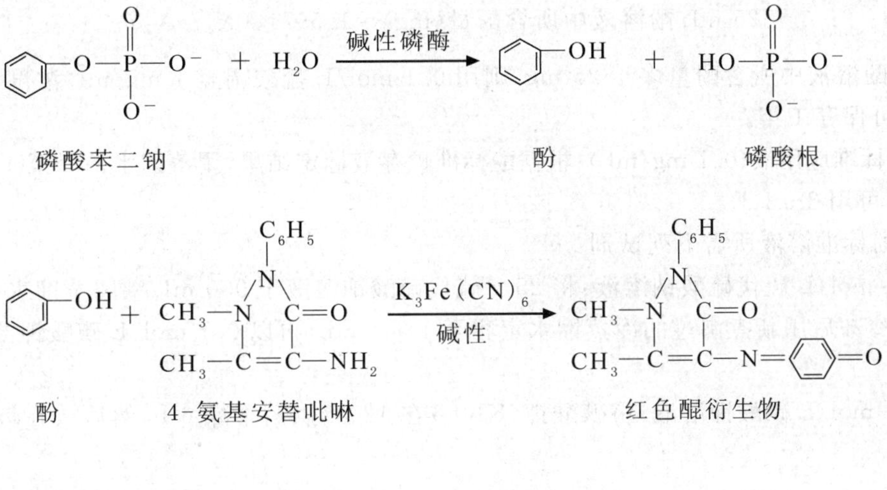

King 氏活性单位定义：每 100 mL 酶液（或血清）在 37℃与底物作用 15 min，产生 1 mg 酚者为一个 King 氏单位。

比活性是指单位重量蛋白质样品中所含酶活性的单位数。通过测定酶的比活性可以鉴定酶的纯化程度，并能综合评价分离纯化步骤方法的优劣。在分离提取酶时，随着酶的分离纯化步骤的进行，酶的比活性也随之升高。根据国际酶学委员会的规定，酶的比活性用每毫克蛋白质具有的酶活性单位（U/mg 蛋白质）来表示，因此，测定样品的比活必须预先测定：①每 1 mL 样品中蛋白质的毫克数；②每 1 mL 样品中的酶活性单位数。

本实验方法可用于血清碱性磷酸酶总酶活性测定，也可以测定碱性磷酸酶分离纯化过程中各阶段液体样品中的酶活性。并在测定蛋白质含量后，可计算各阶段的比活性、产率及提纯倍数。

【试剂与器材】

1. 酚标准溶液（1 mg/mL）

（1）称取 1.0 g 重结晶酚（除去醌），溶于 0.1 mol /L 盐酸溶液并定容至 1 000 mL，为酚贮存液。

（2）标定：准确吸取酚贮存液 25 mL，置于 250 mL 有塞三角瓶中，加 50 mL 0.1 mol/L 氢氧化钠溶液，加热至 65℃，再加入 0.1 mol/L 碘溶液 25 mL，加塞，室温放置 30 min，加 5 mL 浓盐酸，以 0.1 mol/L 硫代硫酸钠（标定过的）溶液滴定到溶液呈浅黄色，再加入 1.0 mL 0.5%的淀粉指示剂，继续滴定至蓝色消失为止。

空白标定方法同（2），仅以蒸馏水代替酚贮存液。滴定反应式如下：

$$3I_2 + C_6H_5OH \rightarrow C_6H_5I_3OH + 3HI$$

$$I_2 + 2Na_2S_2O_3 \rightarrow 2NaI + Na_2S_4O_6$$

根据反应式，3 mol 碘（相对分子质量 254）与 1 mol 酚（相对分子质量 94）起作用，因此 1 mL 0.1 mol/L 碘溶液（含碘 12.7 mg）相当于酚的毫克数为：

$$12.7 \times \frac{94}{3 \times 254} = 1.567(\text{mg})$$

因为硫代硫酸钠溶液与碘溶液浓度相同（均为 0.1 mol/L），设用于滴定剩余碘的硫代硫酸钠为 X_1 mL，空白滴定为 X_2 mL，则实际与酚作用的碘溶液为：$(X_2 - X_1)$mL，所以

$$25\ \text{mL 酚溶液中所含酚量(mg)} = 1.567 \times (X_2 - X_1)$$

若 25 mL 酚溶液中所含酚量多于 25 mg，则用 0.1 mol/L 盐酸调至 1 mg/mL 浓度，此溶液放置冰箱内可保存 1 年。

（3）酚标准应用液（0.1 mg/mL）：根据酚标准贮存液标定结果，用蒸馏水稀释至0.1 mg/mL，置冰箱中，可用 2～3 d。

标定酚标准溶液所需下列试剂：

①0.1 mol/L 硫代硫酸钠溶液：将 25 g 硫代硫酸钠溶液于 950 mL 沸腾蒸馏水中，继续煮沸 5 min，冷却后用新煮沸过的冷蒸馏水定容至 1 000 mL，再以 0.1 mol/L 碘酸钾溶液标定其浓度。

②0.1 mol/L 碘酸钾溶液：将碘酸钾（KIO_3）在 120℃烘箱干燥 6 h，然后放在玻璃干燥器

中冷至室温。精确称取干燥的碘酸钾 0.891 8 g，用蒸馏水溶解并定容至 250 mL。

③0.5%(*W/V*)淀粉指示剂：准确称取 0.5 g 可溶性淀粉(经 60℃烘箱干燥)，用 10 mL 蒸馏水搅匀，再倾入 80 mL 沸腾蒸馏水中，充分搅匀，冷却后定容至 100 mL。

④0.1 mol/L 碘溶液：称取 12.69 g 碘和 40 g 碘化钾，置于洁净的乳钵中，加少量蒸馏水研磨到完全溶解，然后用蒸馏水定容至 1 000 mL，贮于棕色瓶中，再用已标定的硫代硫酸钠溶液标定其浓度。

⑤硫代硫酸钠溶液的标定：取 150 mL 三角瓶 1 只，加入蒸馏水 25 mL，碘化钾 2.0 g，碳酸氢钠 0.5 g 及 2.0 mol/L 盐酸 10 mL。

准确吸取 0.1 mol/L 碘酸钾 25 mL 溶液，加于上述三角瓶中，立即以硫代硫酸钠溶液滴定至浅黄色，再加入 0.5%淀粉 1.0 mL 作指示剂，立即用硫代硫酸钠溶液滴定至无色。

空白滴定同上，仅以蒸馏水代替碘酸钾溶液。

$$\text{硫代硫酸钠的摩尔浓度}=\frac{5.0\times 0.12}{\text{滴定样品消耗量}-\text{滴定空白消耗量}}$$

2. *40 mmol/L 底物溶液*　称取磷酸苯二钠 10.16 g($C_6H_5PO_4Na_2\cdot 2H_2O$)或者磷酸苯二钠(无结晶水)8.72 g，用煮沸后冷却的蒸馏水溶解(馏水中加氯仿 4 mL)，定容至 1 000 mL，置于棕色瓶中，此液只能用 1 周。

3. *Tris-醋酸，pH8.8 缓冲液*　见附录。

4. *0.5 mol/L 氢氧化钠溶液*　称取氢氧化钠 20 g，用蒸馏水溶解并定容至 1 000 mL。

5. *0.3%(W/V)4-氨基安替比林(AAP)溶液*　称取 0.3 g AAP 及 4.2 g 硫酸氢钠，用蒸馏水溶解至 100 mL，置棕色瓶中，冰箱内保存。

6. *0.5%(W/V)铁氰化钾溶液*　称取铁氰化钾 5 g，溶于 400 mL 蒸馏水中，另称取硼酸 15 g，溶于 400 mL 蒸馏水中，将两液混合，用蒸馏水定容至 1 000 mL，置棕色瓶中，暗处保存。

【操作步骤】

1. *AKP 酶活性测定*　取 6 支试管，按表 9-1 编号和操作。

表 9-1　碱性磷酸酶活性测定　mL

试剂	A	B	C	D	空白	对照
40 mmol/L 底物溶液	1.0	1.0	1.0	1.0	1.0	1.0
Tris-醋酸缓冲液	0.9	0.9	0.9	0.9	1.0	0.9
酚标准液(0.1 mg/mL)	—	—	—	—	—	0.1
混匀于 37℃水浴保温 5 min						
各酶液	0.1	0.1	0.1	0.1	—	—
混匀立即计时，37℃水浴准确保温 15 min						
0.5 mol/L 氢氧化钠溶液	1.0	1.0	1.0	1.0	1.0	1.0
0.3%AAP 溶液	1.0	1.0	1.0	1.0	1.0	1.0
0.5%铁氰化钾溶液	2.0	2.0	2.0	2.0	2.0	2.0

注：表中酶若改为动物血清，则可测定血清总碱性磷酸酶活性。

充分摇匀，室温放置 10 min，于波长 510 nm 处比色测定。

用下式计算每 1 mL 酶液的酶活性单位数，并将计算结果填入下表 9-2。

$$酶活性单位数/mL=\frac{样品\ OD_{510\ nm}}{对照\ OD_{510\ nm}}\times 酚标准溶液浓度(mg/mL)\times\frac{1}{0.1}\times 稀释倍数$$

$$总酶活性单位数=酶单位数/mL\times 样品\ mL\ 数$$

表 9-2 不同分离阶段酶活

分离阶段	A	B	C	D
每毫升酶活性单位数				
总酶活性单位数				

2. 蛋白质含量的测定　用 Folin-酚试剂法

$$待测液蛋白质浓度(\mu g/mL)=\frac{样品\ OD_{660\ nm}}{对照\ OD_{660\ nm}}\times 100$$

$$蛋白质\ mg/mL=上式计算结果\times 稀释倍数\div 1\ 000$$

$$总蛋白(mg)=蛋白质\ mg/mL\times 样品\ mL\ 数$$

【结果处理】

1. 比活性计算

$$AP\ 的比活性=\frac{每毫升样品\ AP\ 活性单位数}{每毫升样品蛋白质毫克数}$$

2. 纯化倍数计算

$$纯化倍数=\frac{各阶段比活性}{匀浆(A\ 液)比活性}$$

3. 回收率计算

$$AP\ 的各阶段回收率=\frac{各阶段酶的总活性单位数}{匀浆(A\ 液)中酶的总活性单位数}\times 100\%$$

4. 将实验结果汇总填入下表，分析各提纯步骤的意义

表 9-3 不同分离阶段结果汇总表

相应数据	分离阶段			
	匀浆液（A 液）	第一次丙酮沉淀（B 液）	第二次乙醇沉淀（C 液）	第二次丙酮沉淀（D 液）
总体积(mL)				
蛋白质浓度(mg/mL)				
总蛋白量(mg)				
每 1 mL 样品中酶活性单位				
酶总活性单位(U)				
比活性(U/mg)				
纯化倍数				
回收率(%)				

【注意事项】

(1)铁氰化钾溶液加入硼酸有稳定最后显红色作用。此液应避免阳光照射,若呈蓝绿色即不能使用。此液加入后,应立即充分混匀,否则呈色不充分。

(2)酶活性单位也可通过标准曲线求得。标准曲线的绘制如下:取 6 只试管,分别加酚标准液(0.1 mg/mL)。0,0.05,0.1,0.2,0.4 mL,再加蒸馏水稀释至 1.0 mL,37℃水浴保温 5 min,然后各加入 0.5 mol/L 氢氧化钠溶液,0.3%AAP 溶液 1.0 mL,0.5%铁氰化钾溶液 2.0 mL,混匀后于 37℃水浴保温 15 min,在 510 nm 波长处比色。以光密度为纵坐标,各管酚含量 0,5,10,20,30,40 μg 为横坐标,即可得标准曲线。

(3)测定 A 管的蛋白质含量时,应稀释 10 倍,否则蛋白质浓度太高,无法进行测定,其余各管无需稀释。

【思考题】

1. 什么叫酶的比活力?测定酶的比活力有何意义?

2. 测定时加 0.5 mol/L 氢氧化钠溶液和 0.3%AAP 溶液的目的是什么?

3. 什么叫一个 King 氏活性单位?采用该法测定碱性磷酸酶活性时,应该注意控制哪些条件?

实验二十四　血浆 IgG 的分离、纯化及鉴定

IgG 是免疫球蛋白(简称 Ig)的主要成分之一，相对分子质量为 15 万～16 万，沉降系数约为 7S。血浆蛋白质的成分多达 70 余种，IgG 是其中重要成分之一，要从血浆中分离出 IgG，首先要尽可能除去其他蛋白质成分的粗分离程序，使 IgG 在样品中比例大为增高，然后再纯化而获得 IgG。

Ⅰ. 盐析法分离制备血浆 IgG

【实验目的】

掌握盐析法的原理及盐析法分离制备血浆 IgG 的基本过程。

【基本原理】

盐析法是粗分离蛋白质的重要方法。许多蛋白质在纯水或低盐溶液中溶解度较低，若稍加一些无机盐则溶解度增加，这种现象称为“盐溶”(Salting in)。而当盐浓度继续增加到某一浓度时，蛋白质又变得不溶而自动析出，这种现象称为“盐析”(Salting out)。这些现象的原理大致是由于蛋白质带有羧基解离的负电荷或氨基解离的正电荷，其极性基团使分子间相互排斥，同时与水分子形成水膜，这些因素保证蛋白质形成溶于水的溶胶状态。当加入少量盐时，增多了蛋白质分子上的极性基团，因而增大了蛋白质在水中溶解度，出现“盐溶”现象。但当盐浓度增加到一定浓度时，一方面大量的水同盐分子结合，使得蛋白质没有足够的水维持溶解状态，破坏了维持蛋白质亲水胶的水膜，容易沉淀出来；另一方面加入的盐离子中和了蛋白质表面的电荷，蛋白质分子相互碰撞时即发生相互聚集沉淀出来，这样就出现了“盐析”现象。由于各种蛋白质“盐析”出来所需的盐浓度各异，盐析所需的最小盐量称做盐析浓度。盐析法就是通过控制盐的浓度，使蛋白质混合溶液中的各个成分分步“盐析”出来，达到分离目的蛋白质。

盐析法是 1878 年 Hammarster 首次使用的，他用硫酸镁成功地将血清蛋白分为清蛋白、球蛋白两部分。自那以后曾使用过硫酸钠、氯化钠、磷酸钠和硫酸铵等中性盐来盐析蛋白质，其中运用最广的是硫酸铵。因为硫酸铵有许多其他盐所不具备的优点，如在水中化学性质稳定，溶解度大，25℃时能达到 4.1 mol/L 的浓度；溶解度的温度系数变化较小，在 0～30℃范围内溶解度变化不大，如 25℃时饱和溶解度为 4.12 mol/L，即 767 g/L，0℃时饱和溶解度为 3.9 mol/L，即 676 g/L。而且硫酸铵价廉易得，分段效果比其他盐好，性质温和，即使浓度很高时也不会影响蛋白质的生物学活性。因此，现在所指的盐析法实际上多为硫酸铵盐析法。

用硫酸铵分级盐析蛋白质时，盐析出某种蛋白质成分所需的硫酸铵浓度一般以饱和度来表示。实际工作中将饱和硫酸铵溶液的饱和度定为 100%或 1。盐析某种蛋白质成分所需的硫酸铵数量折算成 100%或 1 饱和度的百分之几，即称为该蛋白盐析的饱和度。饱和度可以根据情况用下述两种方法计算。

1. *饱和硫酸铵溶液法*　在蛋白质溶液的总体不大，要求达到饱和度在 50%以下时，可选用此方法。在已知盐析出某个蛋白质成分所要达到饱和度时，可按下列公式计算出应加入饱和硫酸铵溶液的数量：

$$V=V_0\ \frac{C_2-C_1}{100-C_2}\text{或}\ V=V_0\ \frac{C_2-C_1}{1-C_2}$$

式中：V_0——蛋白质溶液的原始体积；

C_2——所要达到硫酸铵饱和度；

C_1——原来溶液的硫酸铵饱和度；

V——应加入饱和硫酸铵溶液的体积。

将计算所得体积的饱和硫酸铵溶液加入到混合蛋白质溶液中，即可达到盐析的目的。严格讲，混合两不同溶液时，混合后的总体积并不等于混合前两种溶液体积之和，而上式中是按相等于计算的，所以会产生误差。但实验证明所造成的误差一般小于20%，故可忽略不计。

2. 固体硫酸铵法　若所需达到的饱和度较高，而蛋白质溶液的体积又不能再过分增大时，采用直接加入固体硫酸铵的方法。欲达到某饱和度可按下列公式计算出应加入固体硫酸铵的数量：

$$X=\frac{G(C_2-C_1)}{100-AC_2}\text{或}\ X=\frac{G(C_2-C_1)}{1-AC_2}$$

X 是将 1 L 饱和度为 C_1 溶液提高到饱和度为 C_2 时，需要加入固体硫酸铵的重量(g)。G 和 A 为常数，数值与温度有关。现在已将达到各种饱和度所需固体硫酸铵的数量列成表，使用时不需计算可直接从表中查出。

市售固体硫酸铵中一般残留有硫酸，所以制备的饱和硫酸铵溶液的 pH 值常在 4.5 ～5.5 之间，作用之前应该用氢氧化铵调节，使其 pH 值为 7。用固体硫酸铵盐析时，蛋白质应溶解于具有一定缓冲能力的溶液中，并且在加入硫酸铵中还含有一些重金属离子，用量大时易使蛋白质变性，在这种情况下可加入一些 EDTA 等螯合剂以螯合这些金属离子。

硫酸铵盐析法可使蛋白质的纯度提高约 5 倍，而且可以除去 DNA、RNA 等。但盐析后的蛋白质中仍含有一些杂蛋白，所以盐析的产品为粗分离产品，需要进一步纯化。本实验中利用离子交换层析法纯化。在离子交换层析之前，由于盐析所得的蛋白质中含有大量硫酸铵，将影响离子交换层析。所以，在层析之前需要“脱盐”。“脱盐”常选用凝胶过滤法或透析法，本实验将采用凝胶过滤法。

【试剂与器材】

1. 饱和硫酸铵溶液　取化学纯 $(NH_4)_2SO_4$ 800 g，加蒸馏水 1 000 mL，不断搅拌下加热至 50～60℃，并保持数分钟，趁热过滤，滤液在室温中过夜，有结晶析出，即达到 100%饱和度，使用时用浓 NH_4OH 调至 pH7.0。

2. 0.01 mol/L，pH7.0 的磷酸盐缓冲溶液　取 0.2 mol/L Na_2HPO_4 溶液 61.0 mL 和 0.2 mol/L NaH_2PO_4 溶液 39.0 mL 相混合，用酸度计检查 pH 值应为 7.0。取该混合液 50 mL，加入 7.5 g NaCl，用蒸馏水定容至 1 000 mL。

3. 0.0175 mol/L，pH6.7 的磷酸盐缓冲溶液　取 0.2 mol/L Na_2HPO_4 溶液 43.5 mL 和 0.2 mol/L NaH_2PO_4 溶液 56.5 mL 相混合，用酸度计检查 pH 应为 6.7。取该混合液 87.5 mL，用蒸馏水稀释至 1 000 mL。

【操作步骤】

(1)取 1 支离心管，向其中加入 5 mL 血浆和 5 mL 0.01 mol/L，pH7.0 的磷酸盐缓冲液，混匀。用皮头滴管吸取饱和硫酸铵溶液，边滴加边搅拌于血浆溶液中，使溶液的最终饱和度为20%（按前面公式计算应加入饱和硫酸铵溶液的毫升数）。用滴管边加边搅拌，是为防止饱和硫酸铵一次性加入或搅拌不均匀造成局部过饱和的现象，使盐析达不到预期的饱和度。搅拌时不要过急以免产生过多泡沫，致使蛋白质变性。加完后，应在4℃放置15 min，使之充分盐析（蛋白质样品量大时，应放置过夜）。然后以3 000 r/min离心10 min，弃去沉淀（沉淀为纤维蛋白原），其上清液中为清蛋白和球蛋白。

(2)在量取上清液的体积后，置于另一离心管中，用滴管继续向上清液中滴加饱和硫酸铵溶液，使溶液的饱和度达到50%（计算应加饱和硫酸铵溶液的毫升数）。加完后，在4℃放置15 min，然后以3 000 r/min离心10 min，上清液中为清蛋白，沉淀为球蛋白。弃去上清液，留下沉淀部分。

(3)将所得的沉淀再溶于5 mL 0.01 mol/L，pH7.0的磷酸盐缓冲液中。滴加饱和硫酸铵溶液，使溶液的饱和度达35%（计算应加饱和硫酸铵溶液的毫升数）。加完后，4℃放置20 min，以3 000 r/min离心15 min，上清液中为α，β球蛋白，沉淀为IgG。弃去上清液，即获得粗制的IgG沉淀。

为了进一步纯化，操作(3)可重复1～2次。将获得的粗IgG沉淀溶解于2 mL 0.017 5 mol/L，pH6.7磷酸盐缓冲液中备用。

Ⅱ.凝胶过滤法脱盐和分离IgG

【实验目的】

掌握凝胶过滤法脱盐及分离蛋白质的原理和方法。

【基本原理】

凡盐析所获得的粗制蛋白质（盐析得到的IgG）中均含有硫酸铵等盐类，这将影响以后的纯化，所以纯化前均应除去，此过程称为“脱盐”(desalthing)。脱盐常用方法有透析法和凝胶过滤法，这两种方法各有利弊。前者的优点是透析后样品终体积较小，但所需时间较长，且盐不易除尽；凝胶过滤法则能将盐除尽，所需时间也短，但其凝胶过滤后样品体积较大。所以，要根据具体情况选择使用。在前实验中由于样品体积较小，凝胶过滤后样品体积不会太增加，所以选用凝胶过滤法。

凝胶过滤(gel filtration)是20世纪60年代发展起来的一种层析技术。其基本原理是利用被分离物质分子大小不同及固定相（凝胶）具有分子筛的特点，将被分离物质各成分按分子大小分开，达到分离的方法。

凝胶过滤的主要装置是填充有凝胶颗粒的层析柱。目前使用较多的凝胶是交联葡聚糖凝胶（商品名为Sephadex）。这种高分子材料具有一定孔径的网络结构。高度亲水，在水溶液里吸水可膨胀。其交联度高的小号胶如Sephadex G-25适用于脱盐。

当在填充好凝胶颗粒的层析柱顶加上被分离的分子大小不同的混合物并用洗脱液洗脱时，小分子物质可以进入胶粒内部，而受排阻的大分子不能进入胶粒内部，由此二者在洗脱过程所经路程长短不同而得以分离。由于大分子物质只能沿着胶粒之间的间隙向下流动，所经路程短，最先流出；而渗入胶粒内部的小分子物质受迷宫效应的影响，要经过层层扩散向下流动，所经路程长，最后流出；通透性居中的分子则后于大分子而先于小分子流出。从而按由大到小的顺序实现分子分离的目的。

凝胶过滤的操作条件温和，适于分离不稳定的化合物。凝胶颗粒不带电荷，不与被分离物质发生反应，因而溶质回收率接近100%，而且设备简单、分离效果好、重现性强，凝胶柱还可反复使用，所以广泛应用于蛋白质等大分子物质的分离纯化、分子质量测定、脱盐等用途。

【试剂与器材】

(1)0.017 5 mol/L，pH6.7的磷酸盐缓冲液：取0.2 mol/L Na_2HPO_4溶液43.5 mL和0.2 mol/L NaH_2PO_4溶液56.5 mL相混合，用酸度计检查pH应为6.7。取该混合液87.5 mL，用蒸馏水稀释至1 000 mL。

(2)奈氏(Nessler)试剂：于500 mL锥形瓶内加入碘化钾150 g，碘110 g，汞150 g及蒸馏水100 mL。用力振荡7～15 min，至碘的棕色开始转变时，混合液温度升高，将此瓶浸于冷水内继续振荡，直到棕色的碘转变为带绿色的碘化钾汞液为止。将上清液倾入2 000 mL量筒内，加蒸馏水至2 000 mL，混匀备用。

应用时取母液150 mL，加10%氢氧化钠溶液700 mL，蒸馏水150 mL，混匀即可。若发生混浊，可静止后，取上层清液使用。

(3)20%(*W/V*)磺基水杨酸溶液。

(4)Sephadex G-25。

(5)1.5 cm×20 cm层析柱，黑、白比色磁盘，恒流泵，核酸蛋白检测仪，部分收集器，记录仪。

【操作步骤】

(1)凝胶溶胀：称取5 g Sephadex G-25，加200 mL蒸馏水充分溶胀(在室温下约需6 h或在沸水浴中溶胀2 h)。凝胶溶胀后，需用蒸馏水洗涤几次，每次应将沉降缓慢的细小颗粒随水倾倒出去，以免在装柱后产生阻塞现象，降低流速。洗后将凝胶浸泡在洗脱液中待用。

(2)取层析柱1支(1.5 cm×20 cm)，垂直固定在支架上，关闭下端出口。将已经溶胀好的Sephadex G-25中的水倾倒出去，加入2倍体积的0.017 5 mol/L，pH6.7磷酸盐缓冲液，并搅拌成悬浮液，然后灌注入柱，打开柱的下端出口，继续加入搅匀的Sephadex G-25，使凝胶自然沉降高度到17 cm左右，关闭出口。待凝胶柱形成后，在洗脱瓶中加入0.017 5 mol/L，pH6.7磷酸盐缓冲液以3倍柱体积的磷酸盐缓冲液流过凝胶柱，以平衡凝胶。

凝胶平衡后，用皮头滴管除去凝胶柱面的溶液，将盐析所得全部IgG样品加到凝胶柱表面，打开柱下口，控制流速让IgG样品溶液慢慢浸入凝胶内。凝胶柱面上加一层0.017 5 mol/L，pH6.7磷酸盐缓冲液，并用此缓冲液洗脱，控制流速为0.5 mL/min左右。用试管收集洗脱液，每管10滴。也可用核酸蛋白检测仪检测，同时用部分收集器收集洗脱液。

(3)在开始收集洗脱液的同时检查蛋白质是否已开始流出。为此，由每支收集管中取出1滴溶液置于黑色比色磁盘中，加入1滴20%磺基水杨酸，若呈现白色絮状沉淀即证明已有蛋白质出现，直到检查不出白色沉淀时，停止收集洗脱液(注意在检测时，用皮头滴管吸取管中溶液后应及时洗净，再吸取下一管，以免造成相互污染假象)。若使用核酸蛋白检测仪，合并与峰值相对应的收集管中洗脱液即可。

(4)由经检查含有蛋白质的每管中，取1滴溶液，放置在白色比色盘孔中，加入1滴奈氏试剂，若呈现棕黄色沉淀说明它含有硫酸铵。合并检查后不含硫酸铵的各管收集液，即为“脱盐”后的IgG。

(5)收集 IgG 后,凝胶柱可用洗脱液继续洗脱,并用奈氏试剂检测,当无棕黄色沉淀出现时,证明硫酸铵已洗脱干净,即可重复使用或回收凝胶。

凝胶暂时不使用可浸泡在溶液中,存放在 4℃冰箱中。若放在室温保存应加入 0.02%叠氮钠(NaN_3)或 0.01%乙酸汞等防腐剂,以防发霉。用时以水洗去防腐剂即可使用。凝胶长期不用,可用水洗净,分次加入百分浓度递增的乙醇溶液,每次停留一段时间,使之平衡,再换一下浓度的乙醇,让凝胶逐步脱水,再用乙醚除乙醇,抽干即可,或将凝胶洗净后抽干,在表面皿上 30℃逐步烘干。

Ⅲ. DEAE-离子交换剂纯化血浆 IgG

【实验目的】

掌握 DEAE-离子交换剂分离纯化蛋白质的原理和方法。

【基本原理】

离子交换是指液相中的离子与固定相上可解离基团的可逆交换反应。利用这个反应先将要分离的混合物在一定 pH 值的溶液中解离,而后流经固定相,使之与固定相上的可解离基团进行离子交换,吸附于固定相上,凡不能进行交换吸附的成分,则流出层析柱外。再根据交换吸附于固定相上的各组分解离度的差别,应用不同的 pH 值或不同盐浓度的溶液作流动相,流过层析柱将各组分分别再交换洗脱下来,这样混合物的各组分即被分开,达到分离的目的,即为离子交换层析。

离子交换层析中的固定相称为离子交换剂。它是由在不溶性高分子母体上引入不同的可解离基团所构成。常用的不溶性高分子母体有纤维素、葡聚糖、琼脂糖及人工合成的树脂等。引入于母体上的活性基团主要有酸性或碱性物质。由于引入的酸性物质可解离出 H^+ 离子,能与液相中的阳离子交换,故这类离子交换剂称为阳离子交换剂;引入的碱性物质可解离出 OH^- 离子,能与液相中的阴离子交换,故将这类离子交换剂称为阴离子交换剂。

分离蛋白质(包括酶)常用纤维素离子交换剂。纤维素作为不溶性母体是因为纤维素具有亲水性强,容易溶胀;溶胀后具有舒展的长链,表面积大,使大分子物质容易接触并容纳。所以,以纤维素形成的离子交换剂对蛋白质(酶)等大分子物质的交换容量大,分辨力强,可以获得较好的分离效果及较高的回收率;另外纤维素构成的离子交换剂对交换的离子吸附力较弱,用比较温和条件即可洗脱下来,不影响蛋白质(酶)等生物大分子物质的活性。纤维素的这些特点使它构成的纤维素离子交换剂在生物大分子的分离和纯化中得到广泛的使用。

DEAE-纤维素(diethylaminoethyl-cellulose,DEAE)是在纤维素上引入二乙基氨基乙基,它是弱碱型阴离子交换剂。吸附蛋白质的最适 pH 值范围为 7~9,pH 值超过 9.5,DEAE 基团则不解离带电荷。每克 DEAE 含 0.96~1.24 mmol/L 可解离基团,100mgDEAE 与蛋白质的交换量可达 75~122 mg。

交换吸附于离子交换剂上的物质,通常利用改变洗脱液 pH 值或提高洗脱液中离子强度的方法洗脱下来,从而获得较纯的物质。当在离子交换剂上吸附有几个物质成分时,可用两种方法分别洗脱下来。其一是用 pH 值或离子强度不同的几种洗脱液分别洗脱,即在第 1 种洗脱液洗脱下第 1 个成分后,换成第 2 种洗脱液洗脱第 2 个成分,再换第 3 种洗脱液洗脱下第 3 个成分,如此洗脱下所有的成分,这种方法称为分段洗脱法。其二是在洗脱的过程中逐步改变洗脱液的离子强度，从稀到浓，逐步将各种成分洗脱下来，这种方法称为梯度洗脱法。与分段洗脱法相比，梯度法使被洗脱成分的“拖尾”现象较小，分辨率高。

应用离子交换剂来纯化物质，可以把要纯化的物质成分交换吸附于离子交换剂上，然后再分别洗脱下来获得纯品，或者把不需要的成分吸附于离子交换剂上，需要的成分直接流出，得到纯品。本实验采用 DEAE-纤维素层析法纯化 IgG，将 IgG 粗品溶于 pH 值为 6.7 的缓冲液中，此时除 IgG 外，其他杂蛋白均带上不同数量的负电荷，可以和 DEAE 上的阴离子发生交换吸附于柱上。IgG 因不解离带电，而不发生交换吸附。利用此特点，让溶解后的样品流过 DEAE纤维素柱，即可直接收集到较纯的 IgG。

【试剂与器材】

(1)DEAE-纤维素的活化：称取 DEAE-32 或 52，放入 5 mL 量筒中，加蒸馏水浸泡过夜，观察溶胀后 DEAE 的体积。根据所需层析柱的柱床体积计算所需 DEAE 的用量。称取所需 DEAE 量，用蒸馏水浸泡过夜，期间换几次水，每次除去细小颗粒。抽干，然后改用 4 倍体积的 0.5 mol/L NaOH 溶液浸泡 1 h，抽干(可用布氏漏斗)，用无离子水漂洗，使 pH 值至 8 左右(用 pH 值试纸检查)。再改用 4 倍体积的 0.5 mol/L HCl 溶液浸泡 0.5 h。去酸溶液，用无离子水洗至 pH6 左右。

本实验在用前应以 0.017 5 mol/L，pH6.7 磷酸盐缓冲液，浸泡平衡后使用。

使用过的离子交换剂可以反复使用，使其恢复原状的方法称为“再生”。再生并非每次用酸、碱反复处理，通常只要“转型”处理即可。所谓转型就是使交换剂带上所希望的某种离子，如希望阳离子交换剂带上 NH_4^+ 则可用 NH_4OH 浸泡；如希望阴离子交换剂带上 Cl^- 则用 NaCl 溶液处理。本实验中 DEAE-纤维素在酸碱处理后，用 0.017 5 mol/L，pH6.7 磷酸盐缓冲溶液浸泡即可转型，以 HPO_4^- 取代 DEAE 中的 OH^-。一般由于 DEAE-纤维素使用后因带有大量杂蛋白，所以再生时，先用 0.5 mol/L NaOH 浸洗，用无离子水洗至 pH8 左右，再转型，即可再使用。

(2)0.017 5 mol/L，pH6.7 的磷酸盐缓冲溶液：取 0.2 mol/L Na_2HPO_4 溶液 43.5 mL 和 0.2 mol/L NaH_2PO_4 溶液 56.5 mL 相混合，用酸度计检查 pH 值应为 6.7。取该混合液 87.5 mL，用蒸馏水稀释至 1 000 mL。

(3)20%(*W/V*)磺基水杨酸溶液。

(4)1.5 cm×20 cm 层析柱，黑、白比色磁盘。

【操作步骤】

1. 装柱　用 0.0175 mol/L，pH6.7 的磷酸盐缓冲溶液浸泡已处理好的 DEAE-纤维素，在平衡后搅拌均匀，灌入层析柱中，直至纤维素柱床高约 17 cm 为止。柱床形成后，在洗脱瓶装入 0.017 5 mol/L，pH6.7 的磷酸盐缓冲溶液，接在层析柱上口，打开柱下端出口，使磷酸盐缓冲溶液流过纤维素，直至流出液的 pH 值与磷酸盐缓冲溶液的 pH 值完全相同(用 pH 试纸不断检查)为止。

2. 上样　上述平衡过程完毕后，关闭柱下口。用滴管吸去纤维素柱面上的溶液(但不能低于柱床面)。用吸管吸取经 Sephadex G-25 脱盐的 IgG 样品，加在柱床面上，打开柱下口，控制流速使样品慢慢进入纤维素内，待全部样品进入柱后，在柱床面上加一层 0.017 5 mol/L，pH6.7 的磷酸盐缓冲溶液，开始洗脱。

3. 洗脱　连接洗脱瓶，打开柱下口开始洗脱。控制流速为 0.5 mL/min，用试管收集洗脱液，每管10滴。从每滴中取1滴收集液放入在黑色比色盘孔中，加入1滴20%磺基水杨酸检查是否产生白色沉淀。在此条件下在收集液中首先出现的蛋白质即为纯化的IgG。因此，从洗脱开始就应收集洗脱液，直至收集液中无蛋白质出现为止(加磺基水杨酸不呈白色沉淀)，合并含有蛋白质的各管收集液即为纯化的IgG溶液。

柱内DEAE-纤维素经再生转型后可再用。

Ⅳ. 聚丙烯酰胺凝胶电泳鉴定IgG纯度

【实验目的】

掌握聚丙烯酰胺凝胶电泳的原理及基本操作步骤。

【基本原理】

聚丙烯酰胺凝胶电泳(polyacryamide gel electrophoresis，简称PAGE)根据其有无浓缩效应，分为连续系统和不连续系统两大类。本实验采用不连续系统，"不连续系统"最大的特点在于大大提高了样品分离的分辨率，其具体特点如下：①使用两种不同浓度的凝胶系统；②配制两种凝胶的缓冲溶液成分及pH值不同；③配胶缓冲液与电泳槽中电泳缓冲液的成分、pH值也不相同。在实验中，电泳凝胶分为两层：上层胶为低浓度的大孔胶，称为浓缩胶或成层胶，配制此层胶的缓冲液是Tris-HCl，pH6.7；下层胶则是高浓度的小孔胶，称为分离胶或电泳胶，成胶的缓冲液是Tris-HCl，pH8.9。电泳槽中的电极缓冲液则是Tris-甘氨酸，pH8.3。可见，凝胶浓度、成胶成分、pH值与电泳液缓冲系统各不相同，形成了一个不连续系统。

电泳时，蛋白质样品放置在浓缩胶上，为防止蛋白质样品在电极缓冲液中扩散，因而加入等体积的40%蔗糖或50%甘油与之混合，以提高密度。为观察蛋白质样品泳动的情况，样品中还加入溴酚蓝等示踪染料，这些有色物质的分子比任何一种大分子物质泳动的速度都快，只要染料未泳动出凝胶管，样品就没有泳动出胶管的危险。

在不连续系统中，当接通电源开始电泳时，系统中的甘氨酸、蛋白质、盐酸中的氯离子和溴酚蓝等均解离为阴离子，形成离子流向阳极泳动。其迁移率取决于离子的电荷数、相对分子质量大小及形状。然而，当电极缓冲液(pH8.3)中的甘氨酸离子在进入浓缩胶时，它们遇到了比pH8.3低的pH(6.7)，pH值下降了近两个单位，几乎接近于甘氨酸的等电点(5.97)，于是甘氨酸的解离度突然降低，所带电荷量明显减少，迁移率减慢。血浆样品中蛋白质成分也进入浓缩胶，pH值的改变虽对其解离度有影响，但比对甘氨酸要小得多，其迁移率比甘氨酸要大，而且浓缩胶的胶孔较大对蛋白质分子不会造成阻碍。浓缩胶中的Tris-HCl中的Cl^-则全部解离，相对分子质量很小，摩擦力不大，其迁移率比蛋白质、溴酚蓝都快。于是在浓缩胶中各种离子的迁移率形成：甘氨酸<蛋白质<溴酚蓝<Cl^-的顺序。

甘氨酸分子进入浓缩胶后解离度的下降，造成移动离子流的突然缺失，出现电流减小电导率下降，然而，整个电泳系统中其他部分的电流仍维持不变，根据电导及电位梯度成反比($E=I/n$，E为电位梯度，I为电流强度，n为电导率)的关系，于是在前导离子Cl^-与慢离子甘氨酸离子之间突然形成了较高的局部电位梯度。处在这个局部高电位梯度区域中的血浆蛋白质各成分，在高电场作用下迅速以不同的速度(相对分子质量不同、带电量不同)泳向前导Cl^-区域。当到达前导Cl^-区域时因不缺少离子，大的电场强度减弱，离子移动速度急速减慢下来，其结果在甘氨酸和Cl^-之间的蛋白质样品就按其分子的大小堆积或浓缩成层。通过这个过程，是蛋白质样品浓缩了好几百倍，且蛋白质各成分也按一定的顺序排列成层。

当离子流继续向前，进入以 pH8.9 缓冲液配制的小孔胶时，蛋白质分子在小孔胶里遇到阻力，迁移率减慢，同时在 pH8.9 条件下，甘氨酸又充分解离，其带电量增加，消除了离子流缺失的现象，小分子的甘氨酸离子赶上了蛋白质。凝胶各部分恢复具有恒定的电场强度，蛋白质的分离完全按一般区带电泳方式进行。

由以上的原理可见，聚丙烯酰胺凝胶的不连续电泳最主要的优点就是使蛋白质样品经浓缩胶后，形成紧密地压缩层进入分离胶。蛋白质各成分预先分开且压缩成层，可以减少在电泳时，成分间由于自由扩散而造成的区带相互重叠所带来的干扰，这样就提高了电泳的分辨能力。由于这个优点，少量的蛋白质样品(1～100 μg)也能分离得很好，分辨率高使血浆蛋白质可获得近 20 多个区带。

【试剂与器材】

(1)测试样品：血浆蛋白，脱盐后的 IgG，纯化后的 IgG。

(2)凝胶缓冲液：取 1 mol/L HCl 48 mL，Tris(三羟基氨基甲烷)36.6 g，TEMED(N，N，N′，N′-四甲基乙二胺)0.23 mL，加重蒸水至80 mL使其溶解，调 pH8.9，然后加重蒸馏水定容至 100 mL，置棕色瓶，4℃贮存。

(3)分离胶贮液(28%Arc-0.735%Bis 贮液)：丙烯酰胺(Acr)28.0 g，甲叉双丙烯酰胺(Bis)0.735 g，加重蒸水使其溶解后定容至 100 mL。过滤后置棕色试剂瓶中，4℃ 贮存，一般可放置 1 个月左右。

(4)0.14%过硫酸铵(AP)(AR)：0.14 g 过硫酸铵加重蒸水至 100 mL，置棕色瓶，4℃储存仅能用 1 周，最好当天配制。

上述 3 种试剂用于制备分离胶。

(5)浓缩胶缓冲液：取 1 mol/L HCl 48 mL，Tris 5.98 g，TEMED 0.46 mL，加重蒸水至 80 mL，调 pH6.7，用重蒸水定容至 100 mL，置棕色瓶内，4℃贮存。

(6)浓缩胶贮液：称 Acr 10 g，Bis 2.5 g 加重蒸水溶解后定容至 100 mL，过滤后置棕色瓶内，4℃贮存。

(7)40%蔗糖溶液(*W*/*V*)。

(8)核黄素溶液：核黄素 4.0 mg，加重蒸馏水溶解，定容至 100 mL，置棕色试剂瓶内，4℃贮存。

(9)pH8.3 Tris-甘氨酸电极缓冲液：称 Tris 6.0 g，甘氨酸 28.8 g，加蒸馏水至 900 mL，调 pH8.3 后，用重蒸水定容至 1 000 mL，置试剂瓶中，4℃贮存，临用前稀释 10 倍。

(10)0.1%溴酚蓝指示剂。

(11)染色液：染色液种类较多，染色方法也不完全相同。本实验采用 0.05%考马斯亮蓝 R-250 染色液中含 20%磺基水杨酸的染色液，其优点是染色、固定同时进行，背景易脱色。取考马斯亮蓝 0.05 g，磺基水杨酸 20 g，加蒸馏水至 100 mL，过滤后置试剂瓶内保存。

(12)脱色液：7%乙酸溶液。

(13)保存液：甘油 10 mL，冰乙酸 7 mL，加蒸馏水至 100 mL。

(14)1%琼脂糖溶液：琼脂(糖)1 g，加已稀释 10 倍的电极缓冲液，加热溶解，4℃贮存，备用。

(15)电泳仪、夹心式垂直板电泳槽。

【操作步骤】

1. 安装夹心式垂直板电泳槽　也可选用其他垂直板电泳槽。

夹心式垂直板电泳槽操作简单，不易渗漏。这种电泳槽两侧为有机玻璃制成的电极槽，两个电极槽中间夹有一个凝胶模，该模由一个凹形橡胶框、长与短玻璃板及样品槽模板（梳子）所组成。电泳槽由上贮槽（白金电极在上或面对短玻璃板），下贮槽（白金电极在下或面对长玻璃板）和回纹状冷凝管组成。两个电极槽与凝胶模间靠贮液槽螺丝固定。各部间依下列顺序组装：

(1)将上贮槽和固定螺丝销钉，仰放在桌面上。

(2)将长、短玻璃板分别插到凹形橡胶的凹形槽中。注意勿用手接触灌胶面的玻璃。

(3)将已插好玻璃板的凝胶模平放在上贮槽上，短玻璃板应面对上贮槽。

(4)将下贮槽的销孔对准已装好螺丝销钉的上贮槽，双手以对角线的方式旋紧螺丝帽。

(5)竖直电泳槽，在长玻璃板下端与橡胶模框交界的缝隙内加入已融化的1%琼脂（糖）。其目的是封住空隙，凝固后的琼脂（糖）中应避免有气泡。

2. 配胶

(1)分离胶：凝胶缓冲液（pH8.9）2.5 mL，分离胶贮液（28% Arc-0.735% Bis 贮液）5.0 mL，重蒸馏水2.5 mL，充分混匀，抽气10 min，最后加0.14% AP 10 mL。

(2)浓缩胶：浓缩胶缓冲液：浓缩胶贮液：40%蔗糖溶液：核黄素溶液按1：2：4：1的比例混合。

3. 制备凝胶板　不连续体系采用不同孔径及pH值的分离胶与浓缩胶，凝胶制备应分两步进行。

(1)分离胶制备：取配制好的分离胶约20 mL（根据电泳板的大小而定），用细长头的滴管加至长、短玻璃板间的窄缝内，加胶高度距样品模板梳齿下缘约1 cm。用1 cm注射器在凝胶表面沿短玻璃板边缘轻轻加一层重蒸水（3～4 mm）用于隔绝空气，使胶面平整。为防止渗漏，在上、下贮槽中加入略低于胶面的蒸馏水。30～60 min凝胶可完全聚合，则可看到水与凝固的胶面有折射率不同的界线。用滤纸条吸去多余的水，但不要碰破胶面。如需预电泳，则上、下贮槽的蒸馏水倒去，换上分离胶缓冲液，10 mA电流电泳1 h，终止电泳后，弃去分离胶缓冲液，用注射器取浓缩胶缓冲液洗涤胶面数次，即可制备浓缩胶。

(2)浓缩胶制备：配制浓缩胶，混合均匀后，用细长的滴管将凝胶溶液加到长、短玻璃板的窄缝内（即分离胶上方），距短玻璃板上缘0.5 cm处，轻轻加入样品槽模板。在上、下贮槽中加入蒸馏水，但不能超过短玻璃板上缘。在距离电极槽10 cm处，用日光灯或太阳照射，进行光聚合，但不要造成大的升温。在正常情况下，照射6～7 min，则凝胶由蛋黄透明变成乳白色，表明聚合作用开始。继续光照30 min，使凝胶聚合完全。光聚合完成后放置30～60 min，轻轻取出样品槽模板，用窄条滤纸吸去样品凹槽中多余的液体，加入稀释10倍pH8.3的Tris-甘氨酸电极缓冲液。使液面没过玻璃板约0.5 cm，即可加样。

4. 加样　作为分析用的PAGE加样量仅需几微克。2～3 μL血浆电泳后就能分出几十条蛋白区带。为防止样品扩散，应在样品中加入等体积40%蔗糖（内含少许溴酚蓝）。用微量注射器取5～10 μL（根据样品中蛋白质浓度而定）上述测试样品，通过缓冲液，小心地将样品加到凝胶凹形样品槽底部，待所有凹形样品槽内都加了样品，即可开始电泳。

5. 电泳　将直流稳压电泳仪的正极与下槽连接，负极与上槽连接(方向切勿接错)。接通冷却水，打开电泳仪开关，开始时将电流调至 10 mA 。待样品进入分离胶时将电流调至 20～30 mA。当蓝色溴酚蓝染料迁移至距离橡胶框下缘 1 cm 时，将电流调回到零，关电源及冷却水。分别收集上、下贮槽电极缓冲液置试剂瓶中，4℃贮存还可用 1～2 次。旋松固定螺丝，取出橡胶框，用不锈钢铲轻轻将一块玻璃板撬开移去，在胶板一端切除一角作为标记，将胶板移至大培养皿中染色。

6. 固定、染色　本实验采用 0.05%考马斯亮蓝 R-250(内含 20%磺基水杨酸)染色液，染色与固定同时进行，使染色液没过胶板，染色 30 min 左右。

7. 脱色　用 7%乙酸浸泡漂洗数次，直至背景蓝色褪去。如用 50℃水浴或褪色摇床，则可缩短褪色时间。脱色液经活性炭脱色后，可反复使用。

【注意事项】

(1)制备凝胶应选用高纯度试剂，否则会影响凝胶聚合与电泳效果。Acr 及 Bis 是制备凝胶的关键试剂，如含有丙烯酸或其他杂质，则造成凝胶聚合时间延长，聚合不均匀或不聚合现象，应将它们分别纯化后方能使用。Acr 及 Bis 均为神经毒剂，对皮肤有刺激作用，实验表明对小鼠的半致死量为 170 mg/kg，操作应在通风橱中进行。Acr 的纯化：称 70 g Arc 溶于1 000 mL 50℃预热的氯仿中，溶解后趁热过滤。冷却后，置－20℃低温冰箱中，则有白色结晶析出，用预冷的布氏漏斗抽滤，收集白色结晶，再用预冷的氯仿淋洗几次，真空干燥后置棕色瓶中密封储存。Bis 的纯化：称 12 g Bis，使其溶于 1 000 mL 预热 40～50℃ 的丙酮中，趁热过滤。冷却后，置－20℃ 低温冰箱中，待结晶析出后，用预冷的布氏漏斗抽滤，收集结晶，用预冷丙酮洗涤数次，真空干燥后置棕色瓶中密封保存。

(2)由于与凝胶聚合有关的硅橡胶条、玻璃板表面不光滑洁净，在电泳时会造成凝胶板与玻璃或硅橡胶条剥离，产生气泡或滑胶；剥胶时凝胶板易断裂。为防止此现象，所用器材应严格地清洗。硅橡胶条的凹槽、样品槽模板及电泳槽可用海绵蘸取“洗洁净”仔细清洗。玻璃板浸泡在重铬酸钾洗液 3～4 h 或 0.2 mol/L KOH 的酒精溶液中 20 min 以上，用清水洗净，再用海绵蘸取“洗洁净”反复刷洗，最后用蒸馏水冲洗，直接阴干或用乙醇冲洗后阴干。

(3)安装电泳槽和镶有长、短玻璃的硅橡胶框时，位置要端正，均匀用力旋转紧固定螺丝，以免缓冲液渗漏。样品槽模板梳齿应平整光滑。

(4)用琼脂(糖)封底及灌凝胶时不能有气泡，以免影响电泳时电流的通过。

(5)凝胶完全聚合后，必须放置 0.5～1 h，使其充分“老化”后，才能轻轻取出样品槽模板，切勿破坏加样凹槽底部的平整，以免电泳区带扭曲。

(6)为防止电泳后区带拖尾，样品中盐离子强度应尽量低，含盐量高的样品可用透析法或凝胶过滤法脱盐。最大加样量不得超过 100 μg 蛋白/100 μL。

(7)在不连续电泳体系中，预电泳只能在分离胶聚合后进行，洗净胶面后才能制备浓缩胶。浓缩胶制备后，不能进行预电泳，以充分利用浓缩胶的浓缩效应。

(8)电泳时，电泳仪与电泳槽间正、负极不能接错，以免样品反方向泳动，电泳时应选用合适的电流、电压，过高或过低均可影响电泳效果。

(9)电泳后，应分别收集上下贮槽电极缓冲液，在冰箱储存，可用 2～3 次。为保证电泳结果满意，最好用新稀释的缓冲液。

【思考题】

1. 什么叫分级盐析？本实验中是如何采用分级盐析获得 IgG 粗品的？

2. 凝胶过滤法脱盐的原理是什么？为什么凝胶过滤法可应用于蛋白质分离纯化、相对分子质量测定、脱盐等多方面实验？

3. DEAE-离子交换剂纯化 IgG 的原理是什么？在实验中应注意些什么问题？

4. PAGE 时为什么样品会在浓缩胶层被压缩？

5. PAGE 时样品中加入少量溴酚蓝和 40%蔗糖溶液的作用是什么？

6. 根据实验过程的体会，总结如何做好该综合性实验？在实验中有哪些是关键性步骤？

实验二十五　细胞色素C的制备及其测定

【实验目的】

1. 学习蛋白质制备的基本原理及方法。

2. 掌握制备细胞色素C的方法及含量的测定方法。

【基本原理】

细胞色素是多种能够传递电子的含铁蛋白质的总称。它广泛存在于动物、植物和微生物中，细胞色素C(Cytc)是其中的一种。细胞色素C是含铁卟啉的结合蛋白质，其肽链仅有104个氨基酸。体内大量存在，主要存在于线粒体中，一般无需外源补充；且外源补充与体内含量相比甚微。细胞色素C是生物氧化的一个非常重要的电子传递体，在线粒体嵴上与其他氧化酶排列成呼吸链，参与细胞呼吸过程，是唯一较容易从线粒体中提出来的蛋白质。

维生素C易溶于水和酸性溶液，对热、酸碱都比较稳定，但三氯醋酸和乙酸可使之变性失活。

【试剂与器材】

(1)猪心。

(2)人造沸石过60至80目筛。

(3)磷酸氢二钠-氯化钠溶液：称取磷酸氢二钠($Na_2HPO_4 \cdot 12H_2O$)21.5 g，氯化钠23.4 g，加水溶解定容至1 000 mL。

(4)0.2%NaCl，25%硫酸铵，20%三氯醋酸(TCA)，12%$BaCl_2$，1%硝酸银，0.5 mol/L氨水，1 mol/L氨水，2 mol/L硫酸，连二亚硫酸钠($Na_2S_2O_4 \cdot 2H_2O$)，弱酸性阳离子交换树脂(Amberlite IRC-50-NH_4^+)。

(5)组织捣碎机，离心机，磁力搅拌器，分光光度计，玻璃层析柱，纱布及玻璃器皿。

【操作步骤】

1. 提取　将猪心除尽脂肪、血管和韧带，洗尽积血切碎，放入捣碎机捣碎，称取心肌肉糜150 g放入1 000 mL烧杯中，加水300 mL，用磁力搅拌器搅拌，加入2 mol/L H_2SO_4调pH值至4(此时溶液呈暗紫色)，在室温下搅拌提取2 h。用1 mol/L NH_4OH调pH至6.0，停止搅拌。用6层纱布过滤匀浆液去杂质，收集滤液。滤渣加入750 mL水，按上述条件重复提取1 h，两次提取液合并(为省时间，可只提取一次)。

2. 吸附及洗脱　用1 mol/L NH_4OH将上述提取液调pH值至7.2，静置10 min后过滤，所得红色液体通过人造沸石柱吸附，控制流出液的速度约为10 mL/min。随着细胞色素C被吸附，柱内人造沸石逐渐由白色变为红色，流出液为淡黄色或微红色。

吸附完毕，将红色人造沸石从柱内取出，放入烧杯中，先用蒸馏水洗涤至水清，然后用100 mL 0.2%NaCl溶液分3次洗涤沸石，再用蒸馏水洗涤至水清，重新装柱。也可在柱内用同样方法洗涤沸石，然后用25%硫酸铵溶液洗脱，流速控制在2 mL/min，收集红色洗脱液(洗脱液一旦变白，立即停止收集)，洗脱完毕，人造沸石可再生使用。

3. 盐析及浓缩　在上述洗脱液中，慢慢加入固体硫酸铵，边加边搅拌，使硫酸铵质量浓度为45%(约相当于饱和度67%)，放置30 min以上(最好过夜)，杂蛋白沉淀析出，过滤，收集红色透亮的滤液。在搅拌下，每 100 mL 滤液加入 2.5 mL 20%三氯醋酸，立即以 3 000 r/min 离心 15 min，倾去上清液(如上清液带红色，应加入适量三氯乙酸，重复离心)收集沉淀，加入少许蒸馏水，用玻璃棒搅动，使沉淀溶解，装入透析袋，于 500 mL 烧杯中，在磁力搅拌器搅拌下用蒸馏水透析，15 min 换水一次，换水 3～4 次后，检查硫酸根离子是否已被除净(检查的方法是:取 2 mL $BaCl_2$ 溶液放入一支试管，滴加 2～3 滴透析外液于试管中，若出现白色沉淀，表示 SO_4^{2-} 未除净，若无沉淀出现，表示透析完全)。将透析液过滤，即得清亮的细胞色素 C 粗品溶液。

4. 离子交换层析　将得到的细胞色素 C 粗品溶液加入弱酸性阳离子交换树脂柱内，流速控制在 2 mL/min，吸附完毕后，在树脂的上端可看到有一层颜色较浅的部分，此为混有细胞色素 C 的杂蛋白。将柱内交换的细胞色素 C 的树脂小心分层取出，在烧杯中用蒸馏水搅拌洗涤多次，至溶液澄清为止。然后将深红色的树脂重新装柱，柱以细长为宜。用 Na_2HPO_4-NaCl 溶液洗脱，控制流速为 1 mL/min，收集深红色液体。将收集的洗脱液装入透析袋，在 4℃用蒸馏水透析除盐，用 1%硝酸银溶液检查，至无氯离子为止。然后过滤收集滤液。第一次柱层析后所收集的细胞色素 C 溶液较稀，可通过一根小柱浓缩。当细胞色素 C 吸附完毕后，先用 0.5 mol/L NH_4OH 溶液迅速洗脱(4～5 mL/min)，当细胞色素 C 色带已扩散开，并出现在柱底端时，流速调为 0.2～0.3 mL/min，细胞色素 C 可被浓缩成小体积洗脱下来，经过透析后，即得到纯化的细胞色素 C 液。

5. 细胞色素 C 含量的测定　本实验方法制备的细胞色素 C 是氧化型和还原型的混合物，因此在测定含量时，要加入连二亚硫酸钠，使混合物中的氧化型细胞色素 C 变为还原型。还原型细胞色素 C 水溶液在波长 520 nm 处有最大光吸收。根据这一特性，作出细胞色素 C 浓度和相应的吸光度的标准曲线，然后根据所测溶液的吸光度，由标准曲线的斜率求出所测样品的含量。具体操作如下：

取 1 mL 标准品(80 mg/mL)用蒸馏水稀释至 25 mL。从中取 0.2 mL、0.4 mL、0.6 mL、0.8 mL、1.0 mL 分别放入 5 支试管中，每管补加蒸馏水至 4 mL，并加入少许连二亚硫酸钠作还原剂，摇匀，然后于分光光度计上以水为空白对照，在 520 nm 波长处测定各管吸光度($A_{520\ nm}$)，以标准样品的浓度值为横坐标，$A_{520\ nm}$值为纵坐标，作出标准曲线图。取纯化的细胞色素 C 液 1 mL 稀释适当倍数(本实验稀释 25 倍)，再取稀释液 1 mL 按上述方法测得其 $A_{520\ nm}$ 值。

【计算】

根据所测得的 $A_{520\ nm}$值查标准曲线，得细胞色素 C 的浓度，即可计算出样品原液浓度。

【注意事项】

(1)尽量除净非心肌组织，如脂肪、韧带等。

(2)盐析时加固体硫酸铵，要先将其磨成粉末，而且边加边搅拌，不要一次快速加入。

(3)10%NaOH 溶液调混合液 pH 值至 7.3 时，一定不能调过头，否则细胞色素 C 易变性。

(4)逐滴加入三氯醋酸溶液，搅匀，尽快离心。

(5)透析时要求低温，透析袋要避免破漏，每隔几小时要换透析液，并用 Ba^{2+} 检查是否还有 SO_4^{2-} 存在。

【思考题】

1. 加入硫酸铵时要注意什么？为什么？

2. 试以细胞色素 C 为例，总结蛋白质分离制备的步骤和方法。

实验二十六　目的基因的 PCR 扩增及产物的电泳检测

Ⅰ.目的基因的 PCR 扩增

【实验目的】

掌握 PCR 法合成目的基因的原理及方法。

【基本原理】

获得目的基因方法有许多，如构建 cDNA 文库、构建基因组文库、人工合成目的基因、PCR 合成以及差异显示与基因陷阱等。本实验采用 PCR 方法从已知的 TNF 全基因序列中扩增获得。

PCR(Polymerase chain reaction，聚合酶链式反应)方法原理类似于 DNA 的天然复制过程，其特异性依赖于与靶序列两端互补的寡核苷酸引物。PCR 由变性-退火-延伸三个基本反应步骤构成。变性：93℃左右，双链 DNA 解离，使之成为单链；退火(复性)：55℃左右，引物与模板 DNA 单链的互补序列配对结合；引物的延伸：TaqDNA 酶以 dNTP 为反应原料，靶序列为模板，按碱基配对与半保留复制原理，合成一条新的与模板互补的 DNA 链。双链重复循环变性-退火-延伸，获得更多的“半保留复制链”，又可成为下次循环的模板。一个循环需 2～4 min，2～3 h 就能将待扩目的基因扩增放大几百万倍。

【试剂与器材】

(1)PCR 扩增试剂盒(含 Taq 酶、dNTPs 及 PCR buffer)。

(2)0.8%～2%琼脂糖(0.5×TAE)。

(3)10×上样缓冲液：0.25%溴酚蓝，0.25%二甲苯青 FF(或二甲苯蓝)，40%蔗糖水溶液(或 30%甘油)，0.5%TBE。

(4)溴化乙锭显色液：先用蒸馏水培植 1 mg/mL 母液，临用前稀释至 1 μg/mL，避光保存。

(5)DNA 扩增仪，台式微量离心机，旋涡混合仪，PCR 反应管，潜水式电泳仪，直流电源，微量移液取样器，紫外灯及凝胶成像仪等。

【操作步骤】

1. 模板 DNA 的制备及引物合成　由各实验室根据具体条件提供。

2. PCR 反应体系　按下列顺序在新的 PCR 管中加入下列试剂：

PCR buffer	2.50 μL
dNTPs	2.00 μL
模板	0.50 μL
引物 1	0.25 μL
引物 2	0.25 μL
Taq 酶	0.25 μL

Mg^{2+}	1.50 μL
ddH_2O	17.75 μL
液体石蜡	10.00 μL

3. 反应条件(应根据具体条件作修改) 将上述成分充分混匀,短暂离心,按下列程序在DNA扩增仪作热循环。

反应	变性	退火	延伸	周期
1	94℃,4 min			1
2	95℃,45 s	58℃,45 s	72℃,45 s	30
3			72℃,10 min	1

反应结束后,样品于4℃保存。

【注意事项】

(1)由于PCR技术的灵敏度极高,因此在操作中要防止外源DNA对模板的污染。

(2)引物浓度偏高会引起错配和非特异性扩增,且可增加引物之间形成二聚体的机会。

【思考题】

试从反应的特异性、敏感性、忠实性及扩增效率等方面讨论PCR反应条件的优化。

Ⅱ.扩增产物的琼脂糖凝胶电泳

【实验目的】

1. 熟悉DNA片段电泳的基本原理。
2. 学习DNA片段电泳的基本操作方法。

【基本原理】

琼脂糖凝胶电泳是分子生物学研究中最常用的技术之一。无论是研究原核生物DNA或是真核生物DNA,都离不开这一技术。它可用来检验DNA分子的大小及质量(RNA污染及降解的检测),在基因工程中用于分离、鉴定和纯化DNA片段及鉴定重组子,如与DNA印迹转移技术相结合,在研究真核细胞基因酶谱中得到更广泛的应用。

DNA分子在琼脂糖凝胶电泳时,有电荷效应和分子筛效应。前者由于分子所带的净电荷量多少而定,这与电泳时电流强度,电泳缓冲液的pH值和离子强度有关,而后者主要与DNA分子大小、构型以及琼脂糖凝胶的浓度有关。DNA分子在pH高于其等电点的溶液中带负电荷,在电场中向正极移动。用电泳法测定DNA分子大小时,应尽量减少电荷效应。增加凝胶的浓度可以在一定程度上降低电荷效应,使分子的迁移速度主要由凝胶阻滞程度的差异所决定,提高分辨率;适当降低电泳时电压,也可使分子筛效应相对增强而提高分辨率。为了获得满意的DNA片段分离效果,每厘米凝胶片长度使用的电压一般不超过5V。琼脂糖凝胶浓度的选用可参见下表:

琼脂糖凝胶浓度(%)	可辨线性 DNA 分子大小(kb)
0.7	0.8～10
1.0	0.4～6
1.5	0.2～4
2.0	0.1～3

凝胶电泳测定溶液中 DNA 浓度仅需 5～10 ng 的 DNA。

溴乙啶染色原理及其灵敏度：溴乙啶(E. B.)可插入 DNA 双螺旋结构的两个碱基之间，它和核酸形成一种荧光络合物，在 254 nm 波长紫外光照射下，呈现橘黄色的荧光。用溴乙啶检验 DNA 灵敏度很高，可检出 10 ng 或更少的 DNA 含量。

【试剂与器材】

(1)琼脂糖凝胶：0.8%琼脂糖，用 1×TBE(电泳缓冲液)配制。

(2)电泳缓冲液：10×TBE(0.89 mol/L Tris，0.89 mol/L 硼酸，0.02 mmol/L EDTA·Na_2，pH8.0)，用时稀释为 1×TBE。

(3)溴乙啶(EB)：10 mg/mL EB(配制琼脂糖凝胶时，EB 终浓度为 0.5 μg/mL)。

(4)溴酚蓝指示剂：0.2%溴酚蓝，50%蔗糖或甘油。

(5)水浴锅，稳压电泳仪，紫外检测仪或紫外透射仪，水平电泳槽，天平，台式离心机，摄影设备；三角烧杯，烧杯，量筒，滴管，Eppendorf 管，移液管尖，乳胶手套。

【操作步骤】

(1)选择合适的水平式电泳槽，调节电泳槽平面至水平，检查稳压电源与正负极的线路。

(2)选择孔径大小适宜的梳板，垂直架在电泳槽负极的一端，使梳板底部离电泳槽水平的距离为 1.0 mm 左右。

(3)制备琼脂糖凝胶，根据待分离的 DNA 分子大小确定凝胶中琼脂糖的百分浓度(参见附表，分离基因组 DNA 时常用 0.8%)。

称取琼脂糖，溶解在电泳缓冲液 1×TBE 中，置微波炉或水浴锅中加热至琼脂糖融化均匀。

(4)取少量凝胶溶液，将电泳槽四周密封好，防止浇胶时出现渗漏，然后在凝胶中加入溴乙啶(终浓度为 0.5 μg/mL)，摇匀，待凝胶溶液冷却至 50℃左右时，缓缓倒于电泳槽水平板上，除去气泡。

(5)待凝胶冷却凝固后，在电泳槽内加入电泳缓冲液 1×TBE，然后取出梳板，保持点样孔的完好。

(6)待测的 DNA 样品中加入 1/5 体积的溴酚蓝指示剂混匀后小心地加样，记录样品次序及点样量。

(7)开启电源，选择适当的电压进行电泳，一般用恒压，最高电压不高于 5 V/cm，当琼脂糖凝胶浓度低于 0.5%，电泳时温度不能太高。

(8)电泳时间据实验具体要求而定，电泳中途可用手提式紫外灯直接观察，检验 DNA 浓度、质量或片段大小，一般电泳 2～4 h 即可。

(9)电泳至所需时间，停止电泳。

(10)将凝胶置凝胶成像仪上照相，用分析软件进行分析。

【注意事项】

(1)EB 见光易分解,故应装在棕色瓶中,并于 4℃ 条件下保存。

(2)EB 为较强的致突变剂,操作时应戴手套。

(3)溴酚蓝为常用电泳指示剂,呈蓝紫色。在 1%、1.4%、2%的琼脂糖凝胶电泳中,溴酚蓝的迁移率分别与 600 bp、200 bp、150 bp 的双链线性 DNA 片段大致相同。

【思考题】

试分析如何通过琼脂糖凝胶电泳来鉴定 DNA 的浓度、纯度和相对分子质量。

附　录

附录 1　常用缓冲溶液的配制方法

1. 甘氨酸-盐酸缓冲液(0.05 mol/L)

X mL 0.2 mol/L 甘氨酸＋*Y* mL 0.2 mol/L HCl，再加水稀释至 200 mL

pH 值	*X*	*Y*	pH 值	*X*	*Y*
2.0	50	44.0	3.0	50	11.4
2.4	50	32.4	3.2	50	8.2
2.6	50	24.2	3.4	50	6.4
2.8	50	16.8	3.6	50	5.0

注：甘氨酸相对分子质量 ＝ 75.07，0.2 mol/L 甘氨酸溶液含 15.01 g/L。

2. 邻苯二甲酸-盐酸缓冲液(0.05 mol/L)

X mL 0.2 mol/L 邻苯二甲酸氢钾＋*Y* mL 0.2 mol/L HCl，再加水稀释到 20 mL

pH 值(20℃)	*X*	*Y*	pH 值(20℃)	*X*	*Y*
2.2	5	4.070	3.2	5	1.470
2.4	5	3.960	3.4	5	0.990
2.6	5	3.295	3.6	5	0.597
2.8	5	2.642	3.8	5	0.263
3.0	5	2.022			

注：邻苯二甲酸氢钾相对分子质量 ＝ 204.23，0.2 mol/L 邻苯二甲酸氢钾溶液含 40.85 g/L。

3. 磷酸氢二钠-柠檬酸缓冲液

pH 值	0.2 mol/L Na_2HPO_4 (mL)	0.1 mol/L 柠檬酸 (mL)	pH 值	0.2 mol/L Na_2HPO_4 (mL)	0.1 mol/L 柠檬酸 (mL)
2.2	0.40	10.60	5.2	10.72	9.28
2.4	1.24	18.76	5.4	11.15	8.85
2.6	2.18	17.82	5.6	11.60	8.40
2.8	3.17	16.83	5.8	12.09	7.91
3.0	4.11	15.89	6.0	12.63	7.37
3.2	4.94	15.06	6.2	13.22	6.78
3.4	5.70	14.30	6.4	13.85	6.15
3.6	6.44	13.56	6.6	14.55	5.45
3.8	7.10	12.90	6.8	15.45	4.55

续表

pH 值	0.2 mol/L Na_2HPO_4 (mL)	0.1 mol/L 柠檬酸 (mL)	pH 值	0.2 mol/L Na_2HPO_4 (mL)	0.1 mol/L 柠檬酸 (mL)
4.0	7.71	12.29	7.0	16.47	3.53
4.2	8.28	11.72	7.2	17.39	2.61
4.4	8.82	11.18	7.4	18.17	1.83
4.6	9.35	10.65	7.6	18.73	1.27
4.8	9.86	10.14	7.8	19.15	0.85
5.0	10.30	9.70	8.0	19.45	0.55

注：Na_2HPO_4 相对分子质量 = 14.98，0.2 mol/L 溶液为 28.40 g/L。

$Na_2HPO_4 \cdot 2H_2O$ 相对分子质量 = 178.05，0.2 mol/L 溶液含 35.01 g/L。

$C_4H_2O_7 \cdot H_2O$ 相对分子质量 = 210.14，0.1 mol/L 溶液为 21.01 g/L。

4. 柠檬酸-氢氧化钠-盐酸缓冲液

pH 值	钠离子浓度 (mol/L)	柠檬酸(g) $C_6H_8O_7 \cdot H_2O$	氢氧化钠(g) NaOH 97%	盐酸(mL) HCl(浓)	最终体积(L)①
2.2	0.20	210	84	160	10
3.1	0.20	210	83	116	10
3.3	0.20	210	83	106	10
4.3	0.20	210	83	45	10
5.3	0.35	245	144	68	10
5.8	0.45	285	186	105	10
6.5	0.38	266	156	126	10

注：使用时可以每升中加入 1 g 酚，若最后 pH 值有变化，再用少量 50% 氢氧化钠溶液或浓盐酸调节，冰箱保存。

5. 柠檬酸-柠檬酸钠缓冲液(0.1 mol/L)

pH 值	0.1 mol/L 柠檬酸 (mL)	0.1 mol/L 柠檬酸钠 (mL)	pH 值	0.1 mol/L 柠檬酸 (mL)	0.1 mol/L 柠檬酸钠 (mL)
3.0	18.6	1.4	5.0	8.2	11.8
3.2	17.2	2.8	5.2	7.3	12.7
3.4	16.0	4.0	5.4	6.4	13.6
3.6	14.9	5.1	5.6	5.5	14.5
3.8	14.0	6.0	5.8	4.7	15.3
4.0	13.1	6.9	6.0	3.8	16.2
4.2	12.3	7.7	6.2	2.8	17.2
4.4	11.4	8.6	6.4	2.0	18.0
4.6	10.3	9.7	6.6	1.4	18.6
4.8	9.2	10.8			

注：柠檬酸 $C_6H_8O_7 \cdot H_2O$：相对分子质量=210.14，0.1 mol/L 溶液为 21.01 g/L。

柠檬酸钠 $Na_3C_6H_5O_7 \cdot 2H_2O$：相对分子质量=294.12，0.1 mol/L 溶液为 29.41 g/mL。

6. 乙酸-乙酸钠缓冲液(0.2 mol/L)

pH 值(18℃)	0.2 mol/L NaAc (mL)	0.3 mol/L HAc (mL)	pH 值(18℃)	0.2 mol/L NaAc (mL)	0.3 mol/L HAc (mL)
2.6	0.75	9.25	4.8	5.90	4.10
3.8	1.20	8.80	5.0	7.00	3.00
4.0	1.80	8.20	5.2	7.90	2.10
4.2	2.65	7.35	5.4	8.60	1.40
4.4	3.70	6.30	5.6	9.10	0.90
4.6	4.90	5.10	5.8	9.40	0.60

注：$Na_2Ac \cdot 3H_2O$ 相对分子质量=136.09，0.2 mol/L 溶液为 27.22 g/L。

7. 磷酸盐缓冲液

(1)磷酸氢二钠-磷酸二氢钠缓冲液(0.2 mol/L)。

pH 值	0.2 mol/L Na_2HPO_4 (mL)	0.2 mol/L NaH_2PO_4 (mL)	pH 值	0.2 mol/L Na_2HPO_4 (mL)	0.2 mol/L NaH_2PO_4 (mL)
5.8	8.0	92.0	7.0	61.0	39.0
5.9	10.0	90.0	7.1	67.0	33.0
6.0	12.3	87.7	7.2	72.0	28.0
6.1	15.0	85.0	7.3	77.0	23.0
6.2	18.5	81.5	7.4	81.0	19.0
6.3	22.5	77.5	7.5	84.0	16.0
6.4	26.5	73.5	7.6	87.0	13.0
6.5	31.5	68.5	7.7	89.5	10.5
6.6	37.5	62.5	7.8	91.5	8.5
6.7	43.5	56.5	7.9	93.0	7.0
6.8	49.5	51.0	8.0	94.7	5.3
6.9	55.0	45.0			

注：$Na_2HPO_4 \cdot 2H_2O$ 相对分子质量 = 178.05，0.2 mol/L 溶液为 85.61 g/L。
$Na_2HPO_4 \cdot 2H_2O$ 相对分子质量 = 358.22，0.2 mol/L 溶液为 71.64 g/L。
$Na_2HPO_4 \cdot 2H_2O$ 相对分子质量 = 156.03，0.2 mol/L 溶液为 31.21 g/L。

(2)磷酸氢二钠-磷酸二氢钾缓冲液(1/15 mol/L)。

pH 值	1/15 mol/L Na_2HPO_4 (mL)	1/15 mol/L KH_2PO_4 (mL)	pH 值	1/15 mol/L Na_2HPO_4 (mL)	1/15 mol/L KH_2PO_4 (mL)
4.92	0.10	9.90	7.17	7.00	3.00
5.29	0.50	9.50	7.38	8.00	2.00
5.91	1.00	9.00	7.73	9.00	1.00
6.24	2.00	8.00	8.04	9.50	0.50

续表

pH 值	1/15 mol/L Na_2HPO_4 (mL)	1/15 mol/L KH_2PO_4 (mL)	pH 值	1/15 mol/L Na_2HPO_4 (mL)	1/15 mol/L KH_2PO_4 (mL)
6.47	3.00	7.00	8.34	9.75	0.25
6.64	4.00	6.00	8.67	9.90	0.10
6.81	5.00	5.00	8.18	10.00	0
6.98	6.00	4.00			

注：$Na_2HPO_4 \cdot 2H_2O$ 相对分子质量 = 178.05，1/15 mol/L 溶液为 11.876 g/L。

KH_2PO_4 相对分子质量 = 136.09，1/15 mol/L 溶液为 9.078 g/L。

8. 磷酸二氢钾-氢氧化钠缓冲液（0.05 mol/L）

X mL 0.2 mol/L K_2PO_4 +Y mL 0.2 mol/L NaOH 加水稀释至 29 mL。

pH 值(20℃)	X (mL)	Y(mL)	pH 值(20℃)	X (mL)	Y(mL)
5.8	5	0.372	7.0	5	2.963
6.0	5	0.570	7.2	5	3.500
6.2	5	0.860	7.4	5	3.950
6.4	5	1.260	7.6	5	4.280
6.6	5	1.780	7.8	5	4.520
6.8	5	2.365	8.0	5	4.680

9. 巴比妥钠-盐酸缓冲液（18℃）

pH 值	0.04 mol/L 巴比妥钠溶液 (mL)	0.2 mol/L 盐酸 (mL)	pH 值	0.04 mol/L 巴比妥钠溶液 (mL)	0.2 mol/L 盐酸 (mL)
6.8	100	18.4	8.4	100	5.21
7.0	100	17.8	8.6	100	3.82
7.2	100	16.7	8.8	100	2.52
7.4	100	15.3	9.0	100	1.65
7.6	100	13.4	9.2	100	1.13
7.8	100	11.47	9.4	100	0.70
8.0	100	9.39	9.6	100	0.35
8.2	100	7.21		100	

注：巴比妥钠盐相对分子质量=206.18，0.04 mol/L 溶液为 8.25 g/L。

10. Tris-盐酸缓冲液（0.05 mol/L，25℃）

50 mL 0.1 mol/L 三羟甲基氨基甲烷（Tris）溶液与 X mL 0.1 mol/L 盐酸混匀后，加水稀释至 100 mL。

pH值	X (mL)	pH值	X (mL)
7.10	45.7	8.10	26.2
7.20	44.7	8.20	22.9
7.30	43.4	8.30	19.9
7.40	42.0	8.40	17.2
7.50	40.3	8.50	14.7
7.60	38.5	8.60	12.4
7.70	36.6	8.70	10.3
7.80	34.5	8.80	8.5
7.90	32.0	8.90	7.0
8.00	29.2		

注：三羟甲基氨基甲烷(Tris)相对分子质量＝121.14。

0.1 mol/L溶液为12.114 g/L。Tris溶液可从空气中吸收二氧化碳，使用时注意将瓶盖严。

11. 硼酸-硼砂缓冲液(0.2 mol/L硼酸根)

pH值	0.05 mol/L硼砂 (mL)	0.2 mol/L硼砂 (mL)	pH值	0.05 mol/L硼砂 (mL)	0.2 mol/L硼酸 (mL)
7.4	1.0	9.0	8.2	3.5	6.5
7.6	1.5	8.5	8.4	4.5	5.5
7.8	2.0	8.0	8.7	6.0	4.0
8.0	3.0	7.0	9.0	8.0	2.0

注：硼砂 $Na_2B_4O_7 \cdot H_2O$，相对分子质量＝381.43，0.05 mol/L溶液(＝0.2 mol/L硼酸根)含19.07 g/L。

硼酸 H_2BO_3，相对分子质量＝61.84，0.2 mol/L溶液为12.37 g/L。

硼砂易失去结晶水，必须在带塞的瓶中保存。

12. 甘氨酸-氢氧化钠缓冲液(0.05 mol/L)

X mL 0.2 mol/L甘氨酸＋*Y* mL 0.2 mol/L NaOH加水稀释至200 mL。

pH值	X	Y	pH值	X	Y
8.6	50	4.0	9.6	50	22.4
8.8	50	6.0	9.8	50	27.2
9.0	50	8.8	10.0	50	32.0
9.2	50	12.0	10.4	50	38.6
9.4	50	16.8	10.6	50	45.5

注：甘氨酸相对分子质量＝75.07，0.2 mol/L溶液含15.01 g/L。

13. 硼砂-氢氧化钠缓冲液(0.05 mol/L硼酸根)

X mL 0.05 mol/L硼砂＋*Y* mL 0.2 mol/L NaOH加水稀释至200 mL。

pH值	X	Y	pH值	X	Y
9.3	50	6.0	9.8	50	34.0
9.4	50	11.0	10.0	50	43.0
9.6	50	23.0	10.1	50	46.0

注：硼砂 $Na_2B_4O_7 \cdot 10H_2O$，相对分子质量＝381.43，0.05 mol/L溶液为19.07 g/L。

14. 碳酸钠-碳酸氢钠缓冲液(0.1 mol/L)

Ca^{2+}、Mg^{2+}存在时不得使用

pH 值		0.1 mol/L Na_2CO_3(mL)	0.1 mol/L $NaHCO_3$(mL)
20℃	37℃		
9.16	8.77	1	9
9.40	9.12	2	8
9.51	9.40	3	7
9.78	9.50	4	6
9.90	9.72	5	5
10.14	9.90	6	4
10.28	10.08	7	3
10.53	10.28	8	2
10.83	10.57	9	1

注:$Na_2CO_2\cdot 10H_2O$ 相对分子质量=286.2,0.1 mol/L 溶液为 28.62 g/L。

$NaHCO_3$ 相对分子质量=84.0,0.1 mol/L 溶液为 8.40 g/L。

15. "PBS"缓冲液

mL

	pH 值			
	7.6	7.4	7.2	7.0
H_2O	1 000	1 000	1 000	100
NaCl	8.5	8.5	8.5	8.5 g
Na_2HPO_4	2.2	2.2	2.2	2.2 g
NaH_2PO_4	0.1	0.2	0.3	0.4 g

附录 2 实验室中常用酸碱密度和浓度的关系

名称	分子式	相对分子质量	密度	百分浓度 (W/W)	配制 1 L 1 mol/L 溶液所需毫升数
盐酸	HCl	36.47	1.19 1.18 1.10	37.2 35.4 20.0	84
硫酸	H_2SO_4	98.09	1.84 1.18	95.6 24.8	28
硝酸	HNO_3	63.02	1.42 1.40 1.20	70.98 65.3 32.36	63
冰醋酸	CH_3COOH	60.05	1.05	99.5	59

续表

名称	分子式	相对分子质量	密度	百分浓度(W/W)	配制 1 L 1 mol/L 溶液所需毫升数
磷酸	H_3PO_4	35.05	1.70	85.0	67
乙酸	CH_3COOH	60.50	1.075	80.0	
氨水	NH_4OH	35.05	0.90	10.0	67

附录 3　常用洗液的配制

洗液及其配方	应　用
铬酸洗液：将 20 g 铬酸钾溶于 20 mL 水中，再慢慢加入 400 mL 浓硫酸(相对密度 1.84)	清洗玻璃器皿：浸润或浸泡数小时或过夜，再用流水冲洗。洗液变黑则不能使用。注意：此洗液有强烈腐蚀性，不得与皮肤衣物接触
氢氧化钠的乙醇溶液：溶解 120 g 氢氧化钠于 120 mL 水中，用 95%乙醇稀释至 1 L	在铬酸洗液洗涤无效时，用于清洗各种油污。但由于强碱对玻璃腐蚀性强，不得与玻璃长期接触
含高锰酸钾的氢氧化钠溶液：4 g 高锰酸钾溶于水中，再加入 100 mL 10%氢氧化钠溶液	洗涤玻璃器皿内的油污或其他有机物，倒入待洗的玻璃器皿内，5～10 min 后倒出。再倒入适量浓盐酸，产生氯气则起到了清除污垢的作用
硫酸亚铁的酸性溶液：含有少量硫酸亚铁的稀硫酸溶液	洗涤由于贮存 $KMnO_4$ 溶液而残留在玻璃器皿上的棕色污斑
乙醇、浓硝酸	难于用寻常方法清洗的发酵管或其他玻璃器皿：用乙醇润湿内壁，到过多乙醇，使遗留的液体不超过 2 mL。加入 10 mL 浓硝酸，静置片刻，立即反应释放出大量红棕色二氧化氮气体。反应停止后用水冲洗

附录 4　层析法常用数据表及性质

1. 离子交换纤维素

目前常用的离子交换纤维素列于下表：

DEAE-纤维素	形状	长度(μm)	交换容量(mmol/g)	蛋白吸附容量(mg/g)		床体积(mL/g)	
				胰岛素(pH8.5)	牛血清清蛋白(pH8.5)	pH6.0	pH7.5
DE-22	改良纤维性	12～400	1.0±0.1	750	450	7.7	7.7
DE-23	同上(除细粒)	18～400	1.0±0.1	750	450	8.3	9.1
DE-32	微粒性(干粉)	24～63	1.0±0.1	850	660	6.0	6.3
DE-52	同上(溶胀)	24～63	1.0±0.1	850	660	6.0	6.3

续表

CM-纤维素	形状	长度 (μm)	交换容量 (mmol/g)	蛋白吸附容量（mg/g）		床体积（mL/g）	
				溶菌酶 (pH5.0)	7S-γ球蛋白(pH5.0)	pH5.0	pH7.5
CM-22	改良纤维性	12～400	0.6±0.06	600	150	7.7	7.7
CM-23	同上(除细粒)	18～400	0.6±0.06	600	150	9.1	9.1
CM-32	微粒性(干粉)	24～63	1.0±0.1	1 260	400	6.8	6.7
CM-52	同上(溶胀)	24～63	1.0±0.1	1 260	400	6.8	6.7

*：英国 Whatman 厂的型号，原来有旧型号如 DE-1，为长纤维性，长度 1 000 μm。还有 DE-11，纤维性，50～250 μm，对牛血清清蛋白的吸附容量仅为 130 mg/g。

2. 聚丙烯酰胺凝胶的技术数据

型号	排阻的下限 (Mr)	分级分离的范围 (Mr)	膨胀后的床体积 (mL/g 干凝胶)	膨胀所需最少时间 (室温，h)
Bio-gel-P-2	1 600	200～2 000	3.8	2～4
Bio-gel-P-4	3 600	500～4 000	5.8	2～4
Bio-gel-P-6	4 600	1 000～5 000	8.8	2～4
Bio-gel-P-10	10 000	5 000～17 000	12.4	2～4
Bio-gel-P-30	30 000	20 000～50 000	14.9	10～12
Bio-gel-P-60	60 000	30 000～70 000	19.0	10～12
Bio-gel-P-100	100 000	40 000～100 000	19.0	24
Bio-gel-P-150	150 000	50 000～150 000	24.0	24
Bio-gel-P-200	200 000	80 000～300 000	34.0	48
Bio-gel-P-300	300 000	100 000～400 000	40.0	48

注：上述各种型号的凝胶都是亲水性的多孔颗粒，在水和缓冲溶液中很容易膨胀，生产厂为 Bio-Rad Laboratories，Richmond，California，U. S. A.。

3. 琼脂糖凝胶的技术数据

（琼脂糖是琼脂内非离子型的组分，它在 0 ～ 4℃，pH 4～9 范围内是稳定的。）

名称、型号	凝胶内琼脂糖百分含量(W/W)	排阻的下限 (Mr)	分级分离的范围(Mr)	生产厂商
Sagavac 10	10	2.5×10^5	$1\times10^4\sim2.5\times10^5$	Seravac Laboratories，Maidenhead，England
Sagavac 8	8	7×10^5	$2.5\times10^4\sim7\times10^5$	
Sagavac6	6	2×10^6	$5\times10^4\sim2\times10^6$	
Sagavac4	4	15×10^6	$2\times10^5\sim15\times10^6$	
Sagavac2	2	150×10^6	$5\times10^5\sim15\times10^7$	
Bio-GelA-0.5 mol/L	10	0.5×10^5	$<1\times10^4\sim2.5\times10^6$	Bio-Rad Laboratories，California，U. S. A.
Bio-GelA-1.5 mol/L	8	1.5×10^6	$<1\times10^4\sim1.5\times10^6$	
Bio-GelA-5 mol/L	6	5×10^6	$1\times10^4\sim5\times10^6$	
Bio-GelA-15 mol/L	4	15×10^5	$4\times10^4\sim15\times10^6$	
Bio-GelA-50 mol/L	2	50×10^6	$1\times10^5\sim50\times10^6$	
Bio-GelA-150 mol/L	1	150×10^6	$1\times10^6\sim150\times10^6$	

4. 常用离子交换纤维素的种类和特点

阳离子	解离基团	交换容量	pK	特点
CM-	羧甲基—O—CH_2—COOH	0.5～1.0	3.6	应用广泛，在 pH4 以上
P-	磷酸根—O—PO_3H_2	0.7～7.4	pK_1 1～2 pK_2 60～65	酸性较强，用于低 pH
SE-	磺乙基—OCH_2—CH_2—SO_3H	0.2～0.3	2.2	酸性强，用于极低 pH
阴离子				
DEAE-	二乙氨乙基 O—CH_2—CH_2—$N(C_2H_5)$	0.1～1.1	9.1～9.5	应用最广泛，在 pH8.6 以下
TEAE-	三乙氨乙基 —O—CH_2—CH_2—$N^+(C_2H_5)$	0.5～1.0	10	碱性稍强
BND-	苯甲基和萘甲酚化的 DEAE	0.8		适于分离核酸

附录 5　硫酸铵溶液饱和度计算表

1. 硫酸铵溶液饱和度计算表(25℃)

硫酸铵初浓度%饱和度	硫酸铵终浓度，%饱和度																
	10	20	25	30	33	35	40	45	50	55	60	65	70	75	80	90	100
	每升溶液加固体硫酸铵的克数[①]																
0	56	114	144	176	196	209	243	277	313	351	390	430	472	516	561	662	767
10		57	86	118	137	150	183	216	251	288	326	365	406	449	494	592	694
20			29	59	78	91	123	155	190	225	262	300	340	382	424	520	619
25				30	49	61	93	125	158	193	230	267	307	348	390	485	583
30					19	30	62	94	127	162	198	235	273	314	356	449	546
33						12	43	74	107	142	177	214	252	292	333	426	522
35							31	63	94	129	164	200	238	178	319	411	506
40								31	63	97	132	168	205	245	285	375	469
45									32	65	99	134	171	210	250	339	431
50										33	66	101	137	176	214	302	392
55											33	67	103	141	179	264	353
60												34	69	105	143	227	314
65													34	70	107	190	275
70														35	72	153	237
75															36	115	198
80																77	157
90																	79

注：在 25℃下，硫酸铵溶液由初浓度调到终浓度时，每升溶液所加固体硫酸铵的克数。

2. 硫酸铵溶液饱和度计算表(0℃)

硫酸铵初浓度%饱和度	在0℃下，硫酸铵终饱和度(%饱和度)															
	20	25	30	35	40	45	50	55	60	65	70	75	80	85	90	95
	每100 mL溶液加固体硫酸铵的克数①															
0	10.6	13.4	16.4	19.4	22.6	25.8	29.1	32.6	36.1	39.8	43.6	47.6	51.6	55.9	60.3	65.0
5	7.9	10.8	13.7	16.6	19.7	22.9	26.2	29.6	33.1	36.8	40.5	44.4	48.4	52.6	57.0	61.5
10	5.3	8.1	10.9	13.9	16.9	20.0	23.3	26.6	30.1	33.7	37.4	41.2	45.2	49.3	53.6	58.1
20	2.6	5.4	8.2	11.1	14.0	17.2	20.4	23.7	27.1	30.6	34.3	38.1	42.0	46.0	50.3	54.7
25	0	2.7	5.5	8.3	11.3	14.3	17.5	20.7	24.1	27.6	31.2	34.9	38.7	42.7	46.9	51.2
30		0	2.7	5.6	8.4	11.5	14.6	17.9	21.1	24.5	28.0	31.7	35.5	39.5	43.6	47.8
35			0	2.8	5.6	8.6	11.7	14.8	18.1	21.4	24.9	28.5	32.3	36.2	40.2	44.5
40				0	2.8	5.7	8.7	11.8	15.1	18.4	21.8	25.4	29.1	32.9	36.9	41.0
45					0	2.9	5.8	8.9	12.0	15.3	18.7	22.2	25.8	29.6	33.5	37.6
50						0	2.9	5.9	9.0	12.3	15.6	19.0	22.6	26.3	30.2	34.2
55							0	3.0	6.0	9.2	12.5	15.9	19.4	23.0	26.0	30.8
60								0	3.0	6.1	9.3	12.7	16.1	19.7	23.5	27.3
65									0	3.1	6.2	9.5	12.9	16.4	20.1	23.1
70										0	3.1	6.3	9.7	13.2	16.8	20.5
75											0	3.2	6.5	9.9	13.4	17.1
80												0	3.2	6.6	10.1	13.7
85													0	3.3	6.7	10.3
90														0	3.4	6.8
95															0	3.4
																0

注：在0℃下，硫酸铵溶液由初浓度调到终浓度时，每100 mL溶液所加固体硫酸铵的克数。

附录6　生物化学相关专业部分因特网网址

网站名称	网址
生物软件网	http://www.bio-soft.net/
中国生化与分子生物学报	http://bcmb.bjmu.edu.cn/
中国医学生物信息	http://cmbi.bjmu.edu.cn/
中国生物信息	http://www.biosino.org
中国科学院上海生命科学研究院	http://www.sibs.ac.cn/
中国生物工程信息网	http://biotech.org.cn/
Annual Review of Biochemistry	http://biochem.annualreviews.org
Genbank	http://www.ncbi.nlm.nih.gov
Gene	http://www.elsevier.nl/inca/publications
Bioscience Reports	http://www.wkap.nl/journalhome.htm

参考文献

1. 周顺伍. 动物生物化学实验指导. 2版. 北京:中国农业出版社,2002
2. 陈钧辉. 生物化学实验. 3版. 北京:科学出版社,2003
3. 王金胜. 农业生物化学研究技术. 北京:中国农业出版社,2001
4. 王淳本. 实用生物化学与分子生物学实验技术. 湖北:湖北科学技术出版社,2003
5. 余冰宾. 生物化学实验指导. 北京:清华大学出版社,2004
6. 于自然,黄熙泰. 生物化学习题及实验技术. 北京:化学工业出版社,2003
7. 赵赣,陈鑫磊. 生物化学实验指导. 南昌:江西科学技术出版社,2000
8. 李建武. 生物化学实验原理和方法. 北京:北京大学出版社,1994
9. 赵亚华. 生物化学与分子生物学实验技术教程. 北京:高等教育出版社,2005
10. 陶力. 生物化学实验指导. 北京:科学出版社,2002
11. 王宪泽. 生物化学实验技术原理与方法. 北京:中国农业出版社,2002
12. 赵永芳. 生物化学实验技术原理与应用. 北京:科学出版社,2002
13. 吴冠芸,潘华珍. 生物化学与分子生物学实验常用数据手册. 北京:科学出版社,1999